环境科学与工程一流本科课程规划教材

环境综合创新实验设计教程

主　编:高明明

副主编:武　艳　王允坤　王新华　周雪冬

山东大学出版社

·济南·

图书在版编目(CIP)数据

环境综合创新实验设计教程/高明明主编. —济南：山东大学出版社，2020.12(2024.1 重印)

ISBN 978-7-5607-6883-0

Ⅰ. ①环… Ⅱ. ①高… Ⅲ. ①环境工程—实验—高等学校—教材 Ⅳ. ①X5-33

中国版本图书馆 CIP 数据核字(2020)第 264713 号

策划编辑 祝清亮
责任编辑 李 港
封面设计 王 艳

出版发行 山东大学出版社
社 址 山东省济南市山大南路 20 号
邮政编码 250100
发行热线 (0531)88363008
经 销 新华书店
印 刷 河北虎彩印刷有限公司
规 格 787 毫米×1092 毫米 1/16
8 印张 120 千字
版 次 2020 年 12 月第 1 版
印 次 2024 年 1 月第 2 次印刷
定 价 38.00 元

总　序

近代以来，全球工业快速发展，在带来巨大财富的同时，也造成了严重的环境污染、生态破坏和健康损伤，于是，便催生了环境科学与工程这门人类社会发展历史上第一次以保护环境为根本宗旨的综合交叉学科。本学科"涵盖天下之广泛，学术研究之深度，影响全球之迅猛"，已成为人类可持续发展中不可或缺的、最为重要的一门学问。党的十九大报告指出："必须树立和践行绿水青山就是金山银山的理念""建设美丽中国，为人民创造良好生产生活环境，为全球生态安全作出贡献"。随着物质生活的水平越来越高，人民群众对良好生态环境的需求也越来越强烈。为了实现"天更蓝、水更清、空气更清新、环境更优美"的美丽中国建设目标，我们亟需一大批高素质、创新型的环境科学与工程专业技术人才和管理人才。

作为中国教育史上的起源性大学，"为天下储人才，为国家图富强"既是山东大学办学精神的历史传承，也是山东大学环境科学与工程学院为国育贤的根本。山东大学环境科学与工程学院由原山东大学环境工程系、实验中心和原山东工业大学环境与化工学院的环境学科于 2000 年年底组建成立，经过二十余年的持续建设与发展，目前拥有山东省水环境污染控制与资源化重点实验室、教育部南水北调东线河湖生态健康野外科学观测研究站等五个省部级科研平台。环境科学不仅是山东大学"学科高峰计划"重点支持建设的优势学科，也是国家双一流学科"化学与物质科学"的重要组成部分，连续多年稳居 ESI 全球学科排名前 1%。山东大学环境科学与工程学院已成为我国环境领域高层次人才培养和科学研究的重要基地之一，其毕业生遍布全国环境及相关领域的生产、科研、设计单位和大专院校，具有较高的声誉。

为了更好地支撑国家战略和区域发展需求，适应新时代高等教育改革发展的需求，山东大学环境科学与工程学院以学科建设为龙头、以课程建设为重点，不断提升人才培养质量。课程建设是一项长期的工作，它不是片面的课程内容的重构，必须以人才培养模式的创新为中心，以教师团队组织、教学方法改革、实践课程培育、实习实训项目开发、教材建设等一系列条件为支撑。近年来，山东大学环境科学与工程学院以课程建设为着力点，不断加强教材建设。学院党政联席会决定从课程改革和教材建设相结合的方面进行探索，组织富有经验的教师编写适应新时期课程教学需求的专业教材。该系列教材既注重专业技能的提高，又兼顾理论的提升，力求满足环境科学与工程专业的学科需求，切实提高人才培养质量，培养社会需要的人才。

通过各编写教师和主审教师的辛勤劳动，本系列教材即将陆续面世，希望能服务专业需求，并进一步推动环境科学与工程类专业的教学与课程改革，也希望业内专家和同仁对本套教材提出建设性和指导性意见，以便在后续教学和教材修订工作中持续改进。

本系列教材在编写过程中得到了行业专家的支持，山东大学出版社对教材的出版也给予了大力支持和帮助，在此一并致谢。

山东大学环境科学与工程学院

2020 年 12 月于青岛

前 言

同学们，当你们开始学习这门课程时，这可能是你们第一次真正意义的实验。为什么这么说呢？因为你们以前进行的实验往往是出于验证、训练的目的，我们称之为“验证性实验”；而本书关注的则是探索性实验，即我们的实验目的是为了探索。

经过前一阶段的实验学习与训练，你们接触了许多验证、训练实验，比如无机化学中离子的测定、有机化学中有机物的提纯、环境领域 COD 的测定、大气污染物采集与分析等。通过这些实验，大家加深了对课程内容的理解，并掌握了实验的基本操作。开始学习这门课程，说明你们正处于验证性实验和探索性实验的衔接阶段。这是在前期的验证性实验积累后的质的飞跃，祝贺你们！

从高校教育的发展看，在我国环境学科高等教育领域，随着新旧动能转换改革的进行，大学教育应从培养“技术型人才”转向培养“创新型人才”，从而承担起环境学科高等教育服务社会、为环境科学发展提供高水平人才的责任。而目前本科生导师制的建立，本科生实验平台的逐步完善，也为本课程的实施提供了必要条件。

从学生的自身需求看，近年来环境创新实验的开展，对提高学生的创新意识和能力起到了重要的推动作用，学生开展创新实验的主观愿望强烈。但环境科学类大学生创新实验的选题、设计、结题等环节仍然存在选题面窄、操作不规范、设计不合理等问题。完善的、有指导的创新实验训练可为本科生创新探索能力的开发提供更广阔的平台。

环境学科涵盖内容广泛，包括水质检测与控制、土壤检测与修复、大气检测、环境检测、环境影响评价等方面，各研究方向上又存在明显的学科交叉性。本书并不关注环境学科的研究内容，而是围绕创新实验开展过程中的主要环节和出现的问题，帮助读者系统展开创新实验，在锻炼基本技能的同时，着重强调研究专业问题的系统性，从而锻炼读者在处理科学问题时的方法与逻辑思维。

本书适合已经具备环境科学基础知识的大学高年级本科生及研究生使用和参考，旨在促进环境科学领域创新实验的展开，为设计具有综合性、创新性、开放性实验提供指导和训练。希望本书能对读者创新实验工作的开展提供支持和帮助。

本书共分八章，包括创新实验的选题（由高明明、王允坤编写）、实验的准备工作（由高明明、王新华编写）、创新实验成果展示（由高明明、王允坤编写）、实验安排（由王新华编写）、实验安全（由高明明编写）、高级氧化技术实验举例（由高明明编写）、生物气溶胶创新实验举例（由武艳、周雪冬编写）、实验的意见和反馈（由高明明编写）。特别感谢苏继新、胡振、王艳、郑雪在本书筹划和编写过程中的指导与帮助。

由于水平有限，缺憾乃至错误之处在所难免，恳请广大读者批评指正。

作　者

2020 年 11 月

目　录

第 1 章　创新实验的选题 …… 1

1.1　选题的基本原则 …… 1
1.2　环境领域的研究内容 …… 4
1.3　选题方法 …… 12

第 2 章　实验的准备工作 …… 23

2.1　立项申请书 …… 23
2.2　立项申请书的写法 …… 25
2.3　开题报告举例 …… 27
2.4　仪器样品的准备 …… 36

第 3 章　创新实验成果展示 …… 38

3.1　课题的结题报告 …… 38
3.2　申请专利 …… 60
3.3　发表学术论文 …… 62
3.4　参加学术会议 …… 63
3.5　参加科技创新比赛 …… 64

第 4 章　实验安排 …… 65

4.1　总体时间安排 …… 65
4.2　实验环节的具体安排 …… 68

第5章 实验安全 …… 72

5.1 保持对实验室的敬畏心 …… 72
5.2 实验的安全设计 …… 75
5.3 实验室的危险源 …… 77

第6章 高级氧化技术实验举例 …… 81

6.1 实验选题 …… 81
6.2 设计思路与实验目的 …… 81
6.3 实验试剂与仪器 …… 83
6.4 预实验设计 …… 85
6.5 实验方案设计 …… 85
6.6 实验结果分析与讨论 …… 87
6.7 实验注意事项及说明 …… 91

第7章 生物气溶胶创新实验举例 …… 92

7.1 实验选题 …… 92
7.2 设计思路与实验目的 …… 92
7.3 实验试剂与仪器 …… 93
7.4 预实验设计 …… 93
7.5 实验方案设计 …… 98
7.6 实验结果分析与讨论 …… 100

第8章 实验的意见与反馈 …… 102

附录1 常用缓冲溶液及pH使用范围 …… 103

附录2 COD的测定方法 …… 105

附录3 BOD的测定方法 …… 106

附录4 反应标准平衡常数 …… 107

附录 5 安全案例 …… 108

附录 6 实验报告格式 …… 110

主要参考文献 …… 116

第1章　创新实验的选题

本书实验的核心在于“创新性”，不会给出具体的实验题目。在本章中，仅与同学们共同讨论创新实验该如何选题这一问题。

首先，要有一位导师。导师可以帮你在选题时出谋划策，如果你要自主选择实验题目，很难保证你的选题是出于“探索”的目的，选择的实验适合本科生来完成，实验目的具有科学意义。

创新实验的选题一般是由导师和学生一起选定的。在这个过程中，因为导师了解选题所在领域的发展情况，往往在其中起主导作用。同学则要担负起“项目负责人”的职责，通过《立项申请书》的撰写和实验前的准备工作，对创新实验的选题与导师讨论，并进行调整，以便创新实验可以顺利地展开，并取得一定的研究成果。

1.1　选题的基本原则

1.1.1　建立在本专业基础学科之上

首先，了解创新实验的教学目标。设立创新实验的初衷是希望同学们可以融会贯通已学的专业课的理论知识和实验课的基本操作，并在此基础上提高同学们的创新能力，同时也激励对本专业的学习兴趣，培养创新型人才。因此，立足本专业的基础理论知识是选题的基本原则。

其次，环境学科题目的合理选择，可以帮助同学们认识环境问题，了解环境学科的研究范畴。环境学科本身是一门交叉学科，了解环境问题，解决环境问题是本学科的重要学习目标之一。

最后，选题过程中如何看待学科交叉？随着学科交叉、学科融合的发展，环境学科的研究越来越多地引入其他学科，如生物学、化学、材料学、物理学等。同学们在选题过程中,引入交叉学科的前提是立足环境学科,因为完全偏离环境问题的研究课题,不利于环境专业学生认识环境问题。

1.1.2 体现创新性

选题要具有创新性,这也是本书实验与以往验证实验最本质的区别,其目的是把学生培养成具有主动适应未来世界变化的能力和具有完善个性的人。当然,受创新实验的形式、时间、空间安排等限制,对本科生实验的创新性要求低于研究生,可以是目前导师所进行的探索性实验的一部分,但须将学科前沿理论贯穿其中,这是创新性实验选题的核心。创新和个性息息相关,创新性的选题有利于发挥学生的个性,激发学生的兴趣,因材施教,更好地将实践和理论相结合,提高学生学习的主动性,从而提高学习效率。学习培养和发展学生个性化的同时也需要促进教师的个性化发展。教师个性化的成长是实现学生个性化教育的优势条件。

1.1.3 与导师的科研工作相结合

在实验项目的选择过程中,既要考虑主观意愿,也要考虑实验条件、实验经费等客观条件。这主要是因为教学中设计的创新实验在经费的使用、药品的购买等环节上不灵活,所以,选择与导师的科研课题相关联的实验,能保证实验过程中的经费来源。

另外,以导师的科研课题为基础的创新课题,还可以参与导师的课题讨论,这在实验过程中是难能可贵的。通过参与完整课题的讨论,可以对创新实验的意义、实验设计、实验操作、结果与讨论部分有更深入的理解。而且通过与师兄师姐的交流,还能为创新实验带来许多帮助,同时还锻炼了同学们的科研协作能力。教师作为课题的明确主导者,能充分调动学生的参与度,也能从充满朝气和具有创新思维的学生身上发现新的闪光点,拓宽自己创新科研的思路,最终实现教学相长,共同提升。所以,同学们要积极参与讨论,发表自己的想法。一个科研项目的完成是大家共同努力的结果,年轻的学生可能水平不高,可能存在纰漏,但年轻学生的好奇心也会给课题带来全新的视角。

1.1.4 注重校企合作，构建多维创新实践互动平台

多维创新实践互动平台能为不同个性的学生提供施展自己才能或兴趣的渠道。所有课题的选择要考虑多方面的合作关系，形成产学研一体化发展模式，一方面有学校自己打造的平台，另一方面和有条件的院校或企业进行工作坊课题联合实践，创造机会让学生走出教室，在社会体验和感受，让课题与实际联系得更加紧密，让学生学习的渠道更加丰富，锻炼解决实际问题的能力。

产学研模式能够同时为企业和高校培养人才，能够保证学生在校期间的理论与实践更好的结合，有利于就业，有利于提高大学生的整体素质和职业竞争力，更好地适应飞速发展的社会。

但是，目前的产学研模式还存在很多问题亟待解决。一是企业合作不够问题。我国企业更多的是模仿创新，技术含量较低，学生实习或技术研发过程中难以接触到高新技术，这限制了学生科研能力的提升。由于企业的盈利目的和科研转化为实际成果的不确定性，企业与高校科研院所的合作并不深入，对不能立竿见影、提高利润的高校实习生并不感兴趣，敷衍了事，不愿花费成本去培养，甚至把他们当成廉价劳动力以快速牟利。二是距离问题。企业离导师远，导师与学生沟通不方便，经常只能线上沟通，安全问题也更难保障，学生是否实际参加项目也不好保障。三是教育理念问题。有的老师虽然理论知识丰富，但是校外工作经验缺乏，能给出的指导只是纸上谈兵。

考虑到上述问题：一要增强企业参与产学研教育的积极性。政府或学校给予企业人才培养成本补助，增强其培养人才的动力。还可以与合作单位签订用人协议定向培养，用公司未来的人力资本弥补当前的培养成本。二要加强学校与企业的联系，不能把学生“扔”在那里当甩手掌柜。学生在企业遇到问题时要及时联系导师。学校与企业签订安全协议以保障学生安全，学生自己也要多学习安全教育知识。导师安排实践时一定要去企业实地考察，实践过程中也要去实地考察，以保证学生真正参与到科研创新中。

1.2 环境领域的研究内容

1.2.1 大气环境

对于大气环境，人们研究的主要内容有大气的成分、大气污染发生的位置、产生的原因及污染源、大气污染物的种类、大气污染的各种控制方法、全球大气环境问题等。

1.2.1.1 大气

大气成分极为复杂，除了氧、氮等气体外，还悬浮着水滴、冰晶和固体微粒。大气中二氧化碳、臭氧、水汽、悬浮微粒及微量有害气体的含量是不断变化的。自然大气中引起空气污染的物质含量很少，但随着工业发展、化石燃料消耗增多，污染性气体也日渐增多。大气在垂直方向上有显著的物理性质差异，可分为五层：对流层、平流层、中间层、热成层、散逸层。对流层中存在不停止的湍流、对流作用，主要天气现象都发生在此层。大气污染现象也主要发生在对流层，尤其是距地面1～2 km的大气边界层。

1.2.1.2 大气污染

大气污染物达到一定浓度，并持续足够长的时间，达到对公众健康、动物、植物、材料、大气特性或环境美学因素产生可以测量的影响，就是大气污染。大气污染源可分为天然源和人为源。大气污染物是指由于人类活动或自然过程而排入大气的，并对人和环境产生有害影响的物质，按来源可分为一次污染物与二次污染物。一次污染物，即初次污染物，是指由污染源直接排入环境的，其物理与化学性状未发生变化的污染物。二次污染物是一次污染物之间相互作用或与正常大气组分反应而生成的新污染物，以及太阳照射下发生光化学反应而生成的污染物，往往比一次污染物对环境和人体的危害更严重。二次污染物主要指含 S、N、C 的污染物，主要来自燃料燃烧、高温化合、精炼石油、使用溶剂等。典型的大气污染有煤烟型污染、交通型污染、酸沉降污染。煤烟型污染的主要来源是燃煤，污染物主要是 SO_2、NO_x、CO 和颗粒物，典型案例有 20 世纪 50 年代的伦敦烟雾事件、马斯河谷事件和多诺拉烟雾事件等。交通型污染的主要来源是机动车和机动船，严重地区会出现光化学烟雾，即一种带刺激性的淡蓝色烟雾。1940 年，在美国洛杉矶首次出现光化学烟雾。

酸沉降污染分为干沉降和湿沉降，其研究始于酸雨——当今世界最严重的区域性环境问题之一。许多证据表明，大气污染影响人类和动物的健康、危害植被、腐蚀材料、影响气候、降低能见度，而且这些污染复杂多样、难以量化，给控制工作带来了很大难度。

1.2.1.3 大气污染控制

需要运用社会、经济、技术多种手段对大气污染进行从源头到末端的综合防治，预防为主，防治结合。在此主要讲技术手段。

一是清洁能源。使用清洁能源，能从源头上减少大气污染物的产生，所以需要发展优质高效洁净的能源。常规清洁能源指已经大规模应用的煤、电、石油、天然气等。我国的主要能源是煤，清洁利用煤炭的洁净煤技术是解决中国煤燃烧污染的技术基础，西气东输使东部也能用上洁净的天然气资源。可再生能源包括太阳能、水能、风能、海洋能、生物质能、地热能、氢能等，它们都属于低碳或非碳能源，对环境很少或不产生污染。节能指引进、发展更有效地生产和利用能源的新技术，提高能源利用效率，提高可持续发展能力。

二是绿色交通。制定合理的交通规则，吸引个体交通转向公共交通，发展清洁汽车、使用清洁能源，从而改善大气质量。

三是末端治理。治理已经产生的污染，去除烟尘采用各种除尘器，治理二氧化硫采用燃料脱硫和烟气脱硫，治理汽车氮氧化物污染需要改变汽车能源，去除工业氮氧化物采用吸收法和还原法，治理氟化物有干法和湿法。

四是环境自净，为使大气中污染物浓度进一步下降，植物的作用非常重要，因此需要搞好城市绿化，针对地区污染特性寻找或者培育具有自净能力的植物。

在全球大气环境变化中，目前最引人关注的是全球变暖与臭氧层破坏问题。

1.2.2 水环境

对于水环境，人们研究的主要内容有水的自然循环和社会循环、水资源的分配和可持续利用、水资源的保护、水利工程的建设、水质灾害的防控、各种水体水污染的防控、水中污染物的种类和存在形态及其环境效应、各种污染物在水中的扩散迁移和转化等。

海洋、陆地、大气中的固态水、液态水、气态水构成一个连续、相互作用又相互不断交换的圈层，称为“水圈”。地球上的水主要由海洋水、陆地水、大气水组成，其中陆地水又包括河水、湖泊淡水、内陆湖咸水、土壤水、地下水、冰盖/冰川中的水、生物体内的水。

人与水的相互关系主要集中在三个层面：水资源、水灾害、水污染。地球上的水循环除了天然存在的自然循环，还有受人类社会活动作用的社会循环。水对人类社会发展的意义表现为三方面：生产用水、生活用水、生态用水。在水资源紧缺的干旱、半干旱地区，人类活动的范围和规模扩大，生产、生活用水严重挤占生态用水，导致生态环境恶化。

水资源是可再生资源。地球上各种形态的水一般均可通过水的自然循环实现动态平衡，但水资源并不是取之不尽、用之不竭的，甚至会因为人的污染等因素使质量变差，导致可用的水资源变少。我国水资源具有总量不少但人均少、时空分布不均、水污染蔓延的特点，且水污染的蔓延极大地减少了水资源的可用量，全国已有 90％的城镇饮用水遭到污染，加剧了水资源短缺。因此，我们要加强对水资源的保护和可持续利用，面对缺水危机，需要开源、节流、治污，合理、可持续地利用有限的水资源。开源主要指通过建设蓄水、引水、提水等水利工程，调节水资源的时空分布不均；节流指通过提高公众节水意识、技术改进减少工业企业用水并提高水的重复利用率、建立节水型工业、发展节水高效的现代灌溉农业和现代旱地农业，从而节约用水；治污指保证水质，使治污后的水资源重新进入良性循环，预防优先，防治结合，提高城市污水有效处理率。

水灾害有旱灾和涝灾（洪水）。防洪方法有建设水库工程、堤防工程、河道整治工程、分蓄行洪工程，加强生态保护建设，建立洪水预报系统，完善救灾抢险体系等。对于旱灾，可以加强长期预报、发展节水灌溉。

水污染是指水体因某种物质的介入，而导致其化学、物理、生物或者放射性等方面的特性发生改变，从而影响水的有效利用，危害人体健康或者破坏生态环境造成水质恶化的现象。水污染导致水不能进入良性循环，水质恶化不能被人所用，加剧了水资源的短缺。水污染最初是自然因素造成的，但随着人类活动范围和强度的增大，人类生产、生活活动已经成为水污染的主要原因。

人为污染源主要有工业废水、生活污水、农业废水。工业废水按水中的污染物性质分为有机废水、无机废水、重金属废水、放射性废水、热污染废水、酸碱废水及混合废水，具有污染量大、成分复杂、感官不佳、水质水量多变的特点，这都给它的处理造成了很大困难。工业废水的预防应从合理布局、清洁生产、就地处理及管理措施等多方面着手，对于不同的工业废水要根据其具体特点研究制定特定的处理方案。生活污水中的有机质含量较高，一般采用生物处理。农业废水主要来自化肥、农药、养殖废水，多为面源污染，其控制更加困难。具体措施有发展节水农业、减少土壤侵蚀、合理利用农药、截流农业污水、加强畜禽粪便综合处理利用等。

不同污染源排放的污染物也具有多样性，这些污染物的种类和环境效应如下：

(1)悬浮物。悬浮物是指悬浮在水中的细小固体和胶体物质，能使水体浑浊从而影响水生植物的光合作用，还会使水底栖息生物窒息、鱼类产卵区破坏、河流淤塞，还能吸附其他污染物形成危害更大的复合污染物。

(2)好氧有机物。通过消耗水中大量的溶解氧，好氧有机物在微生物作用下被分解为简单无机物，而水中溶解氧的降低会影响鱼类的生存，甚至导致厌氧微生物占优势，产生大量甲烷、硫化氢等有毒气体，使水体黑臭。

(3)植物营养物。植物营养物指含氮、磷的无机物或有机物。过多的氮、磷营养物会造成水体富营养化，即藻类大量繁殖，溶解氧降低，鱼类和其他水生生物大量死亡。

(4)重金属。重金属有毒性显著的汞、铬、镉、铅以及类金属砷，也有具有一定毒性的一般重金属(锌、钴、镍、锡等)。重金属及其化合物通过与机体结合而发生作用，且能在集体中转化成毒性更强的物质，不能被生物降解而在食物链上放大富集，且毒性与形态有关。

(5)难降解有机物。难降解有机物多为人工合成化学品，能在水中长期稳定存留，并能生物积累，具有三致(致癌、致畸、致突变)效应。目前，人类对70%的化学品都缺少健康影响信息的了解，对它们的累计、协同研究更为缺乏。

(6)石油类物质。石油类物质形成油膜组织影响复氧并妨碍水生植物光合作用，其降解又降低水中溶解氧含量，黏附作用危害水生生物健康，甚至还能通过食物链进入人体危害人体健康。

(7)酸碱物质。酸碱物质破坏水的自然缓冲和生态平衡,还会对渔业、生活用水产生不良影响,如腐蚀船只及水上建筑。

(8)病原体。病原体能传播多种病毒疾病和寄生虫病。

(9)热污染。水温升高,溶解氧减少,反应加速,破坏生态平衡。

(10)放射性物质。放射性物质影响水质,还能通过食物链进入人体,产生内照射,危害人体健康。

传统污水处理方法分为物理处理法、化学处理法、生物处理法。物理处理法包括调节、格栅截流、筛网过滤、布滤、沉淀、气浮、离心分离、旋流分离、砂滤。化学处理法包括中和、混凝、化学沉淀、氧化还原、吹脱、萃取、吸附、离子交换、电渗析、膜分离。生物处理法包括活性污泥法、生物滤池、生物转盘、生物接触氧化、厌氧处理。对不同的污水要综合考虑选用不同的方法组合,其中效率高、造价低的生物处理法是首要选择。

1.2.3 土壤环境

对于土壤环境的研究主要包括土壤的组成和基本性质、土壤污染的源头和过程特点、土壤污染物类型、各种污染物在土壤中的迁移和转化规律、土壤自净的机理和能力、土壤污染的防治、污水的土地处理系统。

土壤由矿物质、有机质、土壤溶液、土壤空气、土壤生物组成。

土壤的基本性质如下:

(1)土壤的物理化学性质,包括土壤孔性和土壤质地。

(2)土壤环境中的胶体物质,分为无机胶体、有机胶体、有机无机复合体三种。土壤胶体的重要性质是带电荷和吸附作用,其吸附机理包括物理、化学和物理化学吸附。物理化学吸附即胶体对离子的交换吸附,交换双方的离子浓度变化一般符合质量作用定律,其衡量指标主要有交换量、交换性酸与盐基饱和度、离子交换方式。

(3)土壤酸度和土壤缓冲性。土壤酸度是反映土壤溶液中氢离子浓度和土壤胶体上交换性氢铝离子数量状况的一种化学性质,分为活性酸度和潜性酸度,主要指标是 pH。土壤缓冲性是指土壤抵制 pH 改变的能力,或土壤抵制土壤中溶液离子改变的一种特性。

(4)土壤氧化还原性,常用土壤的氧化还原电位这个综合性指标表示,受土壤中易分解的有机质和易氧化或易还原的无机物质以及 pH 等因素的影响。土壤中的氧化还原反应影响土壤中营养元素的状态和有效性，影响离子的价态，从而影响其迁移转化。

(5)土壤中的矿化作用和腐殖化作用。土壤污染是指人为因素有意或无意地将对人体和其他生物体有害的物质施加到土壤中，使其某种成分含量高于土壤自净能力或明显高于土壤环境基准，引起土壤环境质量恶化的现象。土壤污染的主要来源为工业和城市污水以及固体废弃物、农药和化肥、畜禽排泄物、生物残体和大气沉降物等。土壤污染的特点有隐蔽性或潜伏性、不可逆性和持久性、危害的严重性。

土壤污染物可分为有机污染物和无机污染物两大类。有机污染物主要为有机农药、酚、氰化物、苯并(a)芘、石油、有机洗涤剂、有害微生物，无机污染物主要为重金属、放射性元素、酸、碱、盐等。

土壤中的物质迁移是一个复杂的过程，主要分为溶解迁移、还原迁移、螯合迁移、悬粒迁移和生物迁移五种方式，受到不同的生态条件和物理化学条件影响，会呈现不同特点。以下以农药和重金属为例分别讨论有机物和无机物的迁移转化规律：

(1)农药。土壤中的农药迁移方式有扩散和质体流动两种，影响扩散的因素主要是土壤含水量、吸附、土壤密度、温度、气流速度和农药种类等。农药在土壤中的迁移转化行为主要为吸附和降解，可以分别探讨它们的具体机理。农药在土壤中的迁移受农药本身性质和各种自然或人工环境条件的影响。

(2)重金属。重金属在土壤中的迁移形式有物理迁移、物理化学迁移、生物迁移，涉及的物理化学过程有溶解—沉淀作用、离子交换与吸附作用、络合—离解作用和氧化还原作用等。研究某种金属在土壤系统中的迁移转化机理往往要了解该重金属的物理化学性质、在土壤中的存在形态和转化规律及其对应毒性、影响其存在形态的环境条件、与有机胶体的化合或反应关系及其反应物的毒性。

土壤环境都具有一定的缓冲作用和强大的自净作用。土壤的自净作用能使其中的污染物数量或形态发生变化、活性和毒性降低，其自净机理有吸附解吸、沉淀溶解、生物净化作用。

土壤污染的防治首先要“防”，先弄清楚污染源，然后切断污染源，可以通过加强管理控制、发展清洁生产工艺、制定严格的标准达到防止污染发生的目的。对于已污染土壤的修复因污染类型而异,对于农药污染的方法有生物修复、化学添加剂和农艺措施,对于重金属污染的主要是通过固定化降低重金属迁移性和生物有效性、从土壤中去除,具体方法有使用改良剂、排土、客土和水洗法、电化法、热解吸法、生物修复法。这些方法各有利弊,还需深入研究。

污水土地处理系统能通过土壤的自净能力去除污水中的营养成分和有机污染物,分为慢速灌溉、快速渗滤、地表径流和人工湿地四种类型,其中人工湿地介于土地处理和水生生物处理之间,是重点研究的对象。

1.2.4 生物环境

对生物环境的研究主要包括人类活动对生物多样性的影响、生物多样性的保护、食品安全、转基因技术的生物安全、污染物在生态系统中的循环、污染物在生物体内的归宿、污染物对生物的影响、污染物对种群和生态系统的影响。

生物多样性是生命系统的基本特征,存于各个层次,目前研究较多的主要有遗传多样性、物种多样性、生态系统多样性和景观多样性四个层次。人类活动导致生物多样性锐减、生态环境破坏和破碎、生物资源过度开发、外来物种入侵、环境污染。生物多样性的保护除了就地保护、迁地保护,还有建立新种群、修复受损生态系统、对生物资源可持续利用。

食品污染是导致食品安全威胁的主要因素。食品污染来源有生物性污染(微生物、寄生虫和昆虫)、化学性污染(环境污染、容器污染、添加剂污染)和放射性污染。控制食品污染,需要实施“从田头到餐桌”的全过程管理,生产绿色食品。

转基因技术使得人类能按自己的主观愿望创造和改变物种,在农业、医药和环境治理方面广泛应用,具有美好的前景,然而这种变革是建立在人类对自然规律“一知半解”基础上的,有可能对环境和人体健康造成不可预测的威胁。转基因技术存在的潜在风险如下:形成超级杂草、超级病毒,威胁生物多样性,破坏生物链,对天然物种造成基因污染,致病性、使人产生抗药性、破坏营养结构能威胁人体健康。因此在发展转基因生物的同时,必须通过技术、法律和管理等多种手段来保障生物安全,进行安全评估和风险控制,打上转基因标签,发展一些防止转基因扩散到自然环境的技术。

污染物在生物和生物的无机环境之间，通过大气、水体、土壤等环境介质，进入生物体内，在生物体内转运与转化，然后随着排泄物、动物尸体、枯枝落叶，经过微生物分解回到土壤、水体、大气中，周而复始，称为“污染物生物循环”。

污染物在生物机体内的行为包括吸收、分布、排泄和转化等，称为“污染物在生物体内的归宿”。污染物在被细胞吸收、分布、排泄的过程中都要通过生物膜结构，转运方式有简单扩散、滤过、主动转运、易化扩散和内吞作用。污染物吸收是指污染物通过各种途径透过生物膜进入体液、血液循环的过程，主要途径有消化道、呼吸系统和皮肤。污染物分布是指污染物进入体液或代谢转化后，经循环系统、输导组织和其他途径分散到机体各组织细胞的过程。进入机体的污染物及其代谢产物通过排泄向体外转运。污染物在生物机体酶系统催化作用下的代谢过程称为“生物转化”。进入生物体内的污染物经转运转化后，易分解的排出体外，不易分解的则会长期残留在生物体内，并逐渐积累，其浓度还能沿食物链放大。

污染物对生物的影响主要是毒性效应。污染物毒性分为急性毒性、慢性毒性、亚急性毒性、蓄积性毒性，对机体的毒害作用为三致作用（致癌、致畸、致突变）。研究毒性时通常要做出剂量—效应关系，测得一些毒性参数，如半致死浓度、半数效应浓度、阈剂量、最大无作用剂量、最低观察效应浓度，从个体到基因各层次上探讨毒性作用的机理，如酶抑制、细胞膜损伤、三致等，探究不同污染物的联合作用。污染物对个体的影响最终会反映在生物、种群和生态系统上。

1.2.5 可持续发展

可持续发展是指既满足当代人的需要又不对后代人满足其需要的能力构成危害的发展。这就要求我们在探究、发展一项技术时，既要考虑它当前的实用性，还要考虑它使用后产生的危害。若是破坏了资源和环境的可持续发展，那么可以说这项技术是不能实际应用的。因此，我们需要转向更清洁、更有效的技术，尽可能接近零排放或者密闭的工艺方法，尽可能减少能源和其他自然资源的消耗。

可持续发展的基本思想有以下几个方面：不否定经济增长，但要依靠科技进步提高经济活动的效益和质量；要求以自然资源为基础，同环境承载力相协调，以最低的环境成本确保自然资源的永续利用；以提高生活质量为目标，同社会进步相适应；承认并要求在产品和服务的价格中体现出自然资源的价值；政策和法律体系强调综合决策和公众参与。可持续发展的基本原则有持续性原则、公平性原则、共同性原则。

1.3 选题方法

文献信息的检索、管理、分析以及科技论文的写作是科学选题的核心内容。文献信息是我们了解研究对象的主要途径。通过文献数据库专利检索获得信息，我们会发现这些文献非常多而杂。要从这些浩如烟海的文献中找出需要的信息，就要学会信息管理和分析，用策略工具和方法管理大量文献，学会快速阅读，快速找出重要文献。读到需要的重要信息后，我们还要用这些信息来解决问题，或者通过这些信息找出解决问题的思路，科研由此开始。当然，这些文献信息我们肯定不能照搬照抄，而是借鉴他们的经验或者思维，为我们的创新提供灵感，因为创新思维才是科研选题及衡量创新的标准。

1.3.1 文献信息检索

文献检索的流程如下：图书馆→数字资源→信息源→数据库→文献管理→文献利用。这一过程需要用到信息源、搜索引擎、常用数据库等工具。同时，借助一些简易信息聚合（Really Simple Syndication，RSS）工具，如Feedly、Inoreader订阅，可以高效、迅捷地获取自己感兴趣的信息资源。

文献是科技文献的简称，是指通过各种手段（文字、图形、公式、代码、声频、视频、电子等）记录下科学技术信息或知识的载体，这个载体也就是信息源。科研文献有十大信息源，其中图书期刊是常见的文献信息源，此外还有学位论文、会议文献、标准文献、专利文献、科技报告、政府出版物、产品资料、科技档案这些特种文献信息源。图书馆、数据库、搜索引擎、RSS订阅，都是用来获取文献信息源的。

图书馆有实体图书馆，里面有很多文献的纸质资源。纸质文献找起来困难，而且可能不全，不能同时供多人阅读，需要的书籍被人借走后就需要等待归还之后才能借阅；有一些较新的内容，纸质图书的更新可能跟不上，同学们可以从数据库中找到电子图书馆中的电子资源使用。数字图书馆使用方便,可以随时随地查阅文献,而不必到实体的图书馆中,资源全面且更新快。以后经常要用到的图书馆资源的数据库主要从各高校图书馆(见图 1.1)和国家科学图书馆(见图 1.2)中寻找。

图 1.1　山东大学图书馆

图 1.2　国家科学图书馆

1.3.2 常用数据库资源

今后学习科研中需要经常用到的数据库有中国知网(CNKI)、万方数据库、Web of Science、Scopus 等(见图 1.3)。

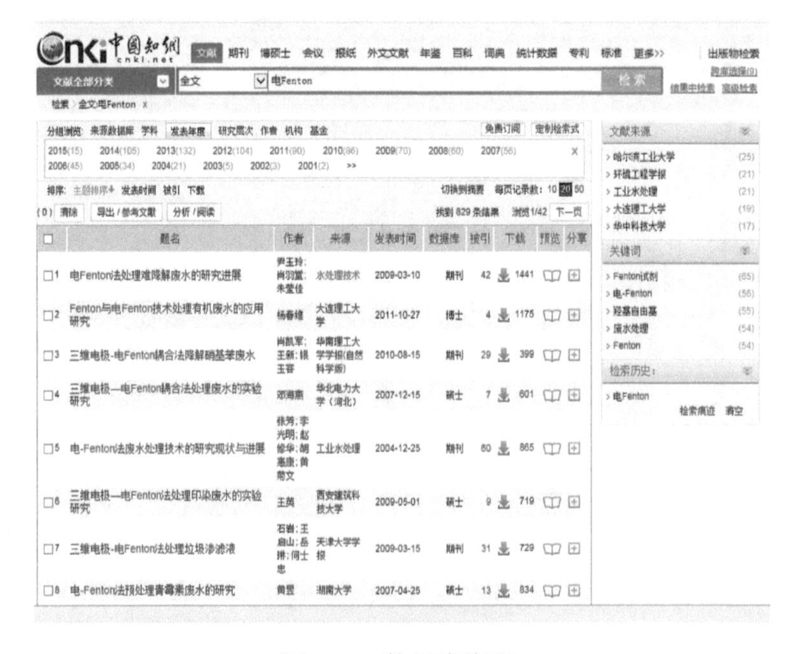

图 1.3 数据库资源

中国知网通过与期刊界、出版界及各内容提供商达成合作，已经发展成为集期刊、博士论文、硕士论文、会议论文、报纸、工具书、年鉴、专利、标准、国学、海外文献资源为一体的、具有国际领先水平的网络出版平台。中国知网是综合性数据库，中外文资源品种完整，分类科学，覆盖所有学科，满足学校科研教学等各方面工作的需要，而且外文资源的检索结果还能直接链接到原文下载页面，实现资源发现的目的；有结果分组分区功能及多种排序方式对筛选结果进行处理，方便选择文献；还能提供文献被引用次数情况，因为好的文献必然是有很多人会引用的，可以通过引用次数判断一个文章的价值如何；检索模式多，包括文献搜索、数字搜索、翻译助手、图形搜索，且提供多种链接，便于查找相关文献；更新快，时差短，能了解各种科研课题的最近发展状况。

万方数据库由国家法定学位论文收藏机构——中国科技信息研究所提供资源，收录了1977年以来，我国自然科学领域的博士、博士后、硕士研究生论文，集纳了理、工、农、医、人文等五大类70多个类目的核心期刊。万方数据系统将数据库分为学位论文全文、会议论文全文、数字化期刊、科技信息、商务信息五个子系统，汇集科研结构、科技成果、科技名人、中外标准、政策法规等近百种数据库资源，为广大师生提供科技信息。

中国知网、万方数据库主要是中文文献数据库，Web of Science、Scopus是外文文献数据库。

Web of Science是全球最大、覆盖学科最多的综合性学术信息资源，收录了自然科学、工程技术、生物医学等各个研究领域最具影响力的超过8700种核心学术期刊。利用Web of Science丰富而强大的检索功能——普通检索、被引文献检索、化学结构检索，可以方便快速地找到有价值的科研信息，既可以查最新发展状况，也可以查发展历史，全面了解某一课题的研究信息。该数据库包括三大引文数据：科学引文索引(SCI)、社会科学引文索引(SSCI)、化学信息事实型数据库(CCR和IC)。我们常用的是SCI，收录了6000多种重要期刊，覆盖170多个学科领域。独特的引文检索体系使其成为普遍使用的学术评价工具。

Scopus是一个创新性、革命性的信息导航工具，涵盖了世界上最广泛的科技和医学文献的文摘、参考文献及索引，收录了许多著名的期刊来源，还包括重要的中文期刊。Scopus不仅为用户提供了其收录文章的引文信息，还直接利用简单明了的界面整合了网络和专利检索。直接链接到全文、图书馆资源及其他应用程序，如参考文献管理软件，使得 Scopus 比其他任何文献检索工具更为方便、快捷。

1.3.3 常用搜索引擎及其使用方法

常用搜索引擎包括百度、谷歌、360、必应、搜狗等。

搜索引擎的使用方法：界面介绍，即搜索引擎向用户提供的信息查询界面，一般包括分类目录及关键词两种查询途径，用户查找目的不确定时用分类目录逐层展开，有明确的查找主题时就用关键词查找。搜索方式有最简单的基本搜索，然后是高级搜索或者说命令搜索。能把查询内容限定在网页标题中，搜索时将关键词打上双引号使其完全匹配；空格加上减号(一关键词)后排除关键词，排除无用信息；后缀 site：网站，搜索结果将只会显示限定网站的内容；用 filetype 能搜索特效格式的文件，比如美女 flietype：jpg；图片搜索，可以通过搜索程序查找出自己所需要的特定图片。

1.3.4 RSS——同步世界最新资讯

1.3.4.1 知识工作自动化，提高学习效率

区别于主动获取信息的搜索引擎，RSS 是通过订阅(Scopus、Web of Science、Pubmed 支持关键词订阅；中国知网支持中文期刊订阅，但不支持关键词订阅)被动推送来扩大视野的信息追踪。

1.3.4.2 RSS 工作原理

RSS 技术主要包含两个重要组件：RSS 摘要和 RSS 阅读器。站点提供 RSS 订阅功能，内容提供者在其网站上发布相应的 RSS 文件，系统入口程序获取该 RSS 文件并把它提供给用户，网页以 RSS 的形式为其内容提供一个通过 URL 获得的摘要，用户使用相应的阅读工具软件来阅读该内容。

1.3.4.3 RSS 订阅的使用

要求能够利用 RSS 订阅不同信息源(网页、新闻、博客、文献、杂志、公众号等)，能够在手机端熟练使用 RSS 订阅服务(安装对应客户端)，能够在手机端使用播客，并订阅内容(安装对应客户端)。

如何使用 RSS——通过 Feedly/InoReader 从 RSS 源抓取文章。

Inoreader 订阅器(见图 1.4)使用方法:注册登录→添加订阅源(右侧有订阅源推荐,也可以在左上角输入任意名称或者任意网址的 RSS 地址)→看订阅文章(订阅后文章列表就会出现在界面,点开即可观看)。订阅源多了,就要建立收藏夹分类管理。手机端的操作和网页版类似。

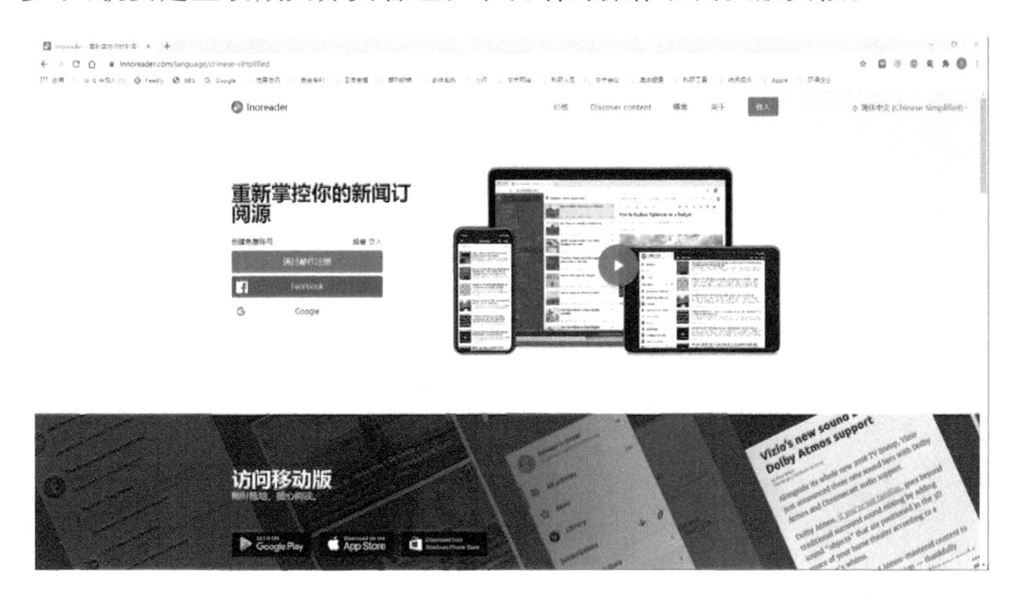

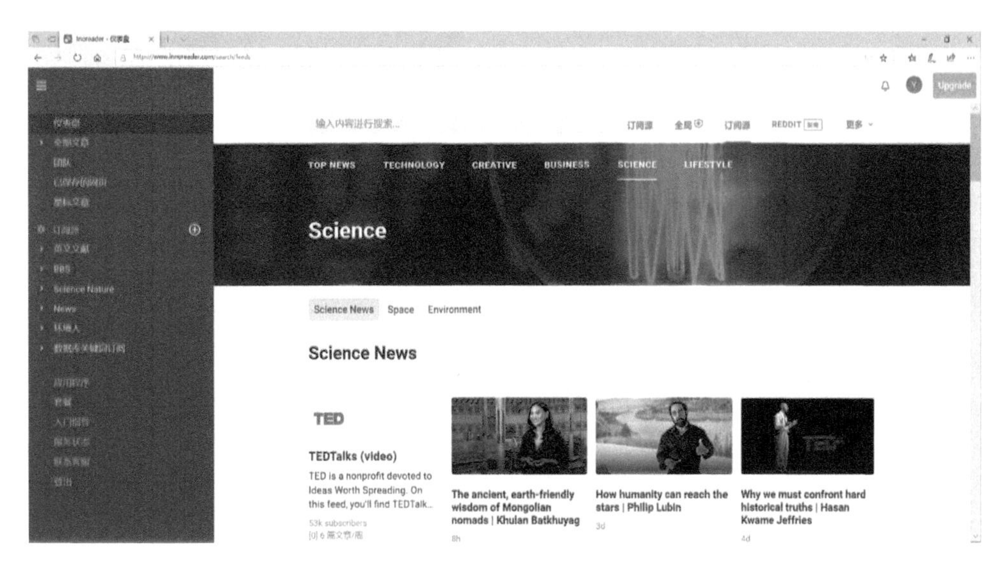

图 1.4 Inoreader 订阅器

Feedly 订阅器(见图 1.5)使用方法:首先打开 Feedly 官网进行注册,然后进入登录页面,左下角是账户,右上方有个添加标志。用户可以通过首页推荐进行订阅，也可以搜索自己喜欢的博客等进行订阅。该订阅器能在各种系统的手机上使用。

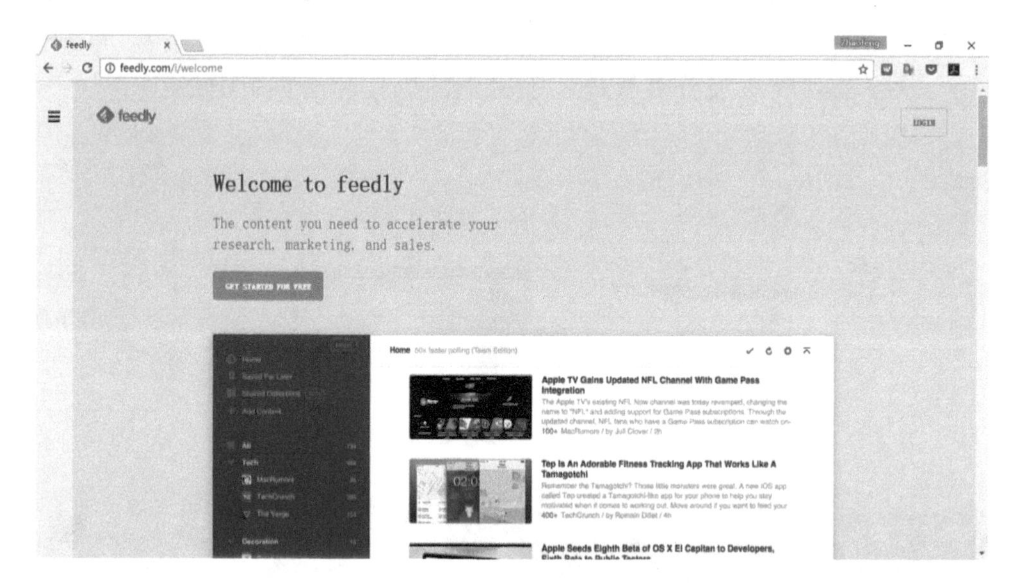

图 1.5 Feedly 订阅器

1.3.5 文献信息管理——为知笔记、EndNote

1.3.5.1 为知笔记

为知笔记的特点如下：

便捷的信息记录，快速添加不同来源的信息；

高效的组织管理，可以快速找到；

多终端同步，一处保存，多处查阅；

能够快捷分享，信息被二次利用；

提升团队生产力，避免重复劳动。

为知笔记的使用步骤如下：

(1)用户注册与界面介绍。如图 1.6 所示，最左边是侧边栏区域，从上到下依次是常用工具栏、个人笔记区域、团队&群组区域；侧边栏右侧是笔记列表区域，最上方是笔记列表排序选项，下方根据右侧打开的类别分别显示为个人笔记列表或群组笔记列表（图示是个人笔记列表）；笔记列表右侧是笔记编辑区域，包括笔记标题、笔记正文、笔记操作；上栏的搜索区域可以根据关键词搜索笔记；搜索框右侧是工具栏区域，包括新建笔记、全屏切换、应用中心、自定义工具栏；最上方是菜单栏区域，可以更换皮肤、导入（出）文件、查看视图、调动浮动工具栏、寻求帮助、设置。

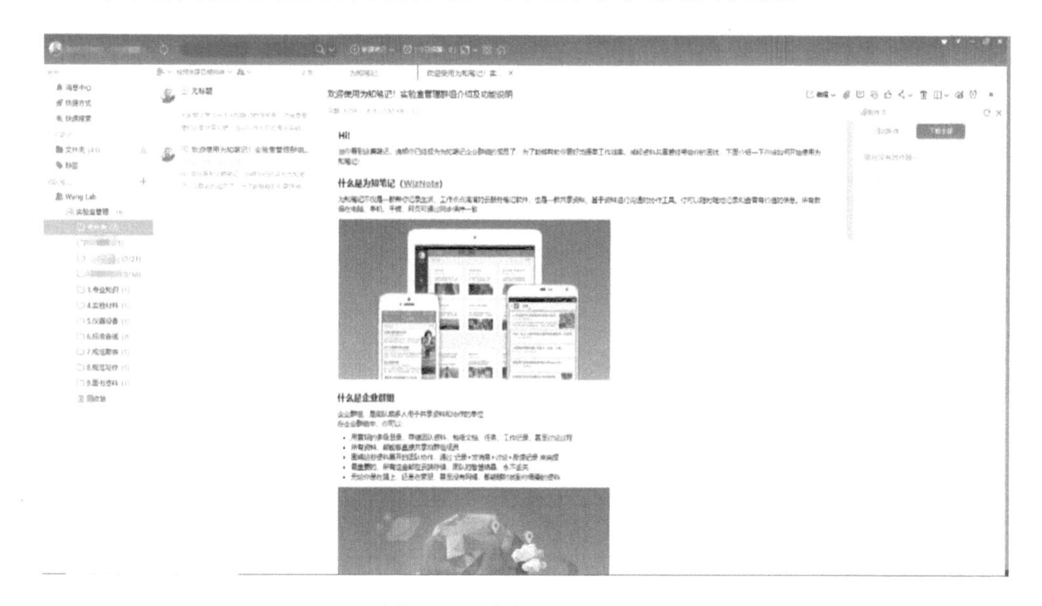

图1.6　为知笔记主界面

（2）笔记创建。在左侧目录区域中选择想要创建笔记的个人或群组目录，单击新建笔记，然后开始编辑。方法有手动输入、手绘（安卓版）、网页剪辑、拍照/图片、邮件、微信、微博、导入，还能插入附件并用快捷键进行管理。

（3）笔记的管理共享与使用。为知笔记的管理共享功能如图1.7所示，可以在电脑、手机等多终端同步。

为知笔记具有分组、标签、保存的检索、属性、置顶、高亮的功能，可以导入、导出（pdf、chm、博客等），与团队共享协作。

为知笔记 www.wiz.cn 首页 下载 团队服务 为知盒子 帮助支持 论坛 博客 登录

月上传流量	1G	10G
单篇笔记正文大小	30M	100M
单个附件大小	30M	100M
存贮空间	不限	不限
设备数量	不限	不限
数据恢复	最近1次版本	最近20次版本
笔记模板	免费试用	所有模板均可免费使用
笔记提醒	免费试用	支持
IOS客户端指纹解锁	免费试用	支持
手机客户端编辑加密笔记	免费试用	支持
手机客户端夜间模式	免费试用	支持
客户支持	邮件和论坛	微信客服：wiznotevip
团队服务免费版群组数	2	2
团队服务免费版笔记数	100篇/群组	1000篇/群组
价格	0	60元/年

图 1.7　为知笔记共享功能

1.3.5.2　EndNote

EndNote 可以帮助提升文献获取效率、文献管理效率、编辑参考文献效率和团队文献共享与协作效率。EndNote 主要功能有在线搜索文献、建立文献库和图片库、定制文稿、引文编排。WOS、Scopus、Google Scholar、CNKI 等不同数据库网站均可导出文献至 EndNote(见图 1.8)。

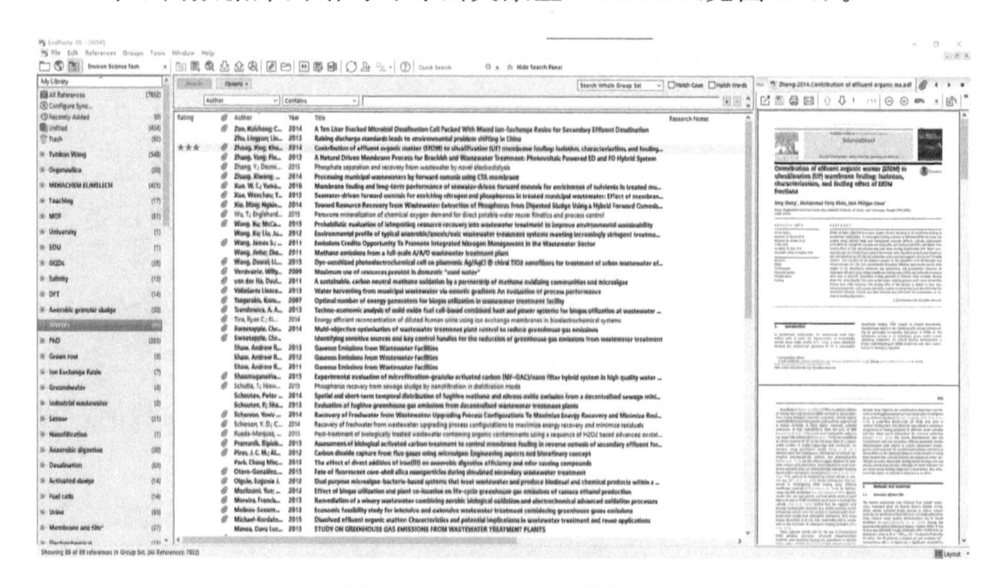

图 1.8　EndNote 文献界面

1.3.6 文献信息分析——HistCite

HistCite的主要功能是统计分析，其在引文网络的构建分析上架构清晰，可以比较清楚地发现引文网络中的关键文献及大概发展，快速锁定某个研究方向的重要文献和学术大牛，还可以找到某些具有开创性成果的、无指定关键词的论文。

由于HisCite和WOS(Web of Science)是同一家公司的产品，所以只支持WOS数据库。

打开WOS，搜索出需要的文献信息，导出为纯文本，然后用HistCite分析这些引文数据库文件。首先把数据加载进来，然后单击Tools菜单下的“Graph Maker”，在弹出的页面上单击“Make Graph”，得到引文关系图。图中包含了最有价值的30篇(可以修改)文章的完整引文关系，圆圈越大的表示被引用次数越多，往往圈最大的就是具有开创性成果的无指定关键词论文。单击页面上的“Cited References”，然后就可以看到本地库中的文献参考的全部文献信息了，后面带有加号(+)的表示本地TXT库中没有包含。如果按照Recs数排序，可以看到有几篇Recs数很大的文献并没有在分析范围之内，这些往往就是被遗漏的重要文献。在正常情况下，单击加号(+)后的WOS就可以自动通过WOS将文献载入分析。

HistCite里面几个重要的英文缩写如下：

GCS(Global Citation Score)，某一文献在WOS数据库中的总被引用次数。有些引用这篇参考文献的文章可能和你的研究方向毫无关系，但GCS还是会把这个引用数据记录下来。

LCS(Local Citation Score)，某一文献在本地数据集中的被引用次数。因为你导入HistCite的文章都是和你检索词有关系的，可以认为这些文章是你的研究同行，因此，如果某一篇文献的LCS值很高，就意味着它是你研究领域内的重要文献，很有可能是你领域内的开创性文章。注意，LCS高的文献和GCS高的文献不一定是同一篇！

LCR(Local Cited References)，某一文献引用本地数据集中参考文献的数目。根据LCR值的排序，可以快速定位近期关注该领域的重要文献，因为某一篇文献引用当前数据集中的文献数越多，说明它非常关注你检索的这个研究方向的文献，和你的研究肯定有相似或者可参考之处，可以从该文章中发现新动向。

CR(cited references),某一文献引用 WOS 数据库中参考文献的数目。这个值越高,说明这篇文献很可能是综述性文献,可根据该值排序,也可快速定位综述文献。

最后,根据前边的文献搜索、整理、分析得出科技论文的写作纲要。

第2章 实验的准备工作

“一年之计在于春”，因为春天是万物之初，春天设计好，秋天才能有收获。创新课题的开展也是这样。在这一章里，就要和同学们一起了解创新实验最初应该做什么，要怎样打好基础。

在导师给了实验题目后，需要针对实验主题开展调研工作，这是保证你们了解自己的实验、参与到实验中来的关键。不要只满足于会某一步实验操作，如 PCR 扩增技术，因为你们此时不是一名实验员，而是一名科研工作者，你们要做的是了解你们的研究意义，这也是你们进行这项实验的真正动力。

2.1 立项申请书

“立项”这个词对初次接触科研的同学来说可能很陌生，但对于一个科研、企业、事业的工作人员来说，这是一项很熟悉的工作。这个词原来是指：建设性项目已经获得政府投资计划主管机关的行政许可。在科研工作中，一项科研项目开展之前往往需要先进行立项申请。这项工作主要的目的是从研究的必要性、可行性角度出发，证明研究工作的目的。这项工作对于同学们来说很陌生不足为奇，因为在以往的学习、实验中，你们的研究目的、可行性、必要性都已经被预先设计好了，并在上课的时候告之大家了，也就是每门课的“绪论”部分。但现在作为一项研究工作的准备阶段，这项工作就需要有同学们自己来完成，也就是要求同学们为自己的实验写一份“绪论”。希望同学们通过练习写立项申请书，能够发现你们的研究意义，证明你们工作的必要性和可行性，也通过立项申请的写作过程中，整理实验思路，收集实验方法，准备实验所需的药品和器材。可以说，在写立项申请书的过程中，你们已经将你们的研究工作预演了一遍。

因为这是一门综合实验创新课，所以申请立项不涉及研究经费的问题，但也请同学们与导师商量好，哪些工作是在本科生实验中能够完成的，能够在实验经费中承担的。这也许是同学们在学习中首次遇到经费的问题。

立项申请书一般包括以下内容：

2.1.1 研究题目

研究内容的核心体现，明确研究目标。

2.1.2 立项依据

提出研究的目的及意义；围绕研究目的、研究内容，对现有的研究水平、存在的问题进行分析和阐述。通过立项依据的整理，同学们会对"为什么要做这个实验"有很好的理解。

2.1.3 研究内容

围绕研究目的，在已有的研究成果基础上明确即将开展实验的主要研究内容。这些内容应该合理、有针对性，与研究目的相对应。

2.1.4 研究方法

这一部分主要整理针对具体研究内容要展开的实验所采用的方法。这一部分的详细调查将为你们的研究提供系统的研究方法。通过这部分的整理，你们会对实验的工作量、需要的时间以及实验安排有大致了解。

2.1.5 实验计划

实验计划对于首次开展研究工作的同学尤其重要。你们需要根据你们的实验进程，结合本科课程的学习进度，合理安排具体的工作量。这部分工作的安排要合理，不能安排太少工作，减慢实验进程，也不能安排太多工作，导致实验计划与专业课冲突而没法执行，影响后续的工作。

2.1.6 研究目标与意义

通过对立项依据和研究内容的整理，结合校企合作、时事动态，同学们对研究的目标和意义也会有所理解。也许你们对研究的意义把握不好，不用担心，随着研究的逐步开展，在同学们基本完成研究内容后，写结题报告的时候，就会对研究意义有更深入的理解。通过网络平台、企业应用情况了解研究的问题在实际中的应用现状或者理论支撑意义，讨论研究成果将会对这些产生什么影响。

如果在你们的实验开始之前，能准确把握以上六项内容，将对你们的研究工作顺利展开起到重要的推动作用。但要了解到，探索性实验具有不可预见性，在实验的进程中，既要按计划进行实验，又要随时总结实验现象，根据实验进展对实验计划进行调整与更新。在实验方法、药品、仪器的使用中也需要及时地调整，以配合实验的进展。

2.2 立项申请书的写法

研究题目的拟定往往需要导师的帮忙。在确定了一个研究题目后，如何入手了解这一研究题目呢？

首先，最简单的办法就是“百度”，了解题目中所有关键词的意义，比如厌氧微生物、气溶胶、电催化等。对自己要做的题目有一个整体的认知，确定大的框架，明白这个研究题目的意义。注意结合国家需求，避免与已立项的重大项目重复。写立项申请书，要表达出研究的目的和意义，表明研究结果可能对生产、生活带来的正面作用，从而说服评议人对我们的项目产生兴趣，增加通过的概率。

然后，依靠各种数据库资源进行资料查阅。资料的查阅可以从硕士、博士论文查起。一篇研究题目相近的博士论文的前沿，可以帮助你梳理目前该方向研究的来龙去脉，大致掌握研究的进展。查阅的资料要全面，要包含国内外同一领域研究现状与趋势的对比、国内外相关课题与本课题的对比。查阅资料时注意学科前沿、交叉学科，按时间顺序，先查阅最近年份的资料，了解相似研究的最新发展进度，同时也要结合自己的研究和课题特点。通过各种资料整理出所立项目的研究背景，分析以往研究存在的问题和不足，指出今后研究的关注点，并说明自己将要进行的题目在该领域的创新性，以及将对该领域可能做出的贡献，分析它的研究前景，从而得出立论依据。通过以上表述，证明该项目不是空穴来风，而是有理论依据和现实背景的。

其次，就是申请书的核心部分——研究内容了。根据研究内容给出的研究方案要具备合理性、可行性、具体性这些条件，设置的研究内容应紧紧围绕研究目标，且内容不能过于庞杂，要有侧重，突出重点，其余的细枝末节是为重点服务的，有先后，切忌面面俱到、缺乏重点。

研究方法是针对研究内容设计的实验方法。知道了研究的具体内容后，就要确定研究这些内容所需要的方法，包括实验的工作量、所需时间、所用器材等。设计实验方案时，要设计多套方案，从经济性、实用性、可行性等多方面分析比较不同方案的优缺点，最后确定一套比较完美的方案。创新的或重要的研究方法、技术路线和实验方案叙述必须清晰、具体，针对研究内容中提到的研究方法、技术路线和可操作性进行分析论证。可以借鉴相关研究的实验方法，但不能照搬照抄，要结合实际研究的内容具体分析，并可以针对具体的研究内容对研究方法进行适当的调整。一些研究方法的采用需要大量的前期探索性实验才能确定。研究方法的创新性也体现了科学研究的创新性。

内容和方法确定之后，实验计划也就呼之欲出了。实验计划就是根据总的工作时间，确定实验的展开过程。划分为几个时间段，合理分配工作量，并考虑到可能出现的意外(比如天气异常、材料运输延迟、人手不足等)，制定应急方案，尽量不影响后续实验的进行。实验计划中也要包括预期的研究进展，即每一阶段进度、预期的研究成果及其表达形式(比如发表文章、实物产出)、研究可能有什么结果、对可能出现的结果怎么应对，还要包括经费预算。

这里还要说明以下，好多研究工作在进行过程中，会出现许多实验结果与预设实验现象相反的情况。这不是实验失败，而正是实验的目的所在。很多有意义的发现都是从实验中出现的、看似错误的结果中得来的。出现这样的情况时，请同学们不要放弃实验的新现象，尽量详细解释，并且适当调整实验计划，对这一现象进行验证，常常会有意想不到的收获。但也不要忘了最初的设计实验立项书，即使遇到问题，新计划的更改也仍要尽量围绕最初的实验计划进行，尽量不打乱原有计划。因为在实验进行中，经常会被各种问题打扰。这个时候，立项申请书的意义就更明显，它能让我们不忘初心，不会被各种问题影响思绪，始终围绕课题中心，使实验有条不紊地进行下去。

2.3 开题报告举例

学生写的立项申请由于不涉及经费问题，一般以开题报告形式完成。为了具体了解综合训练实验的开题方法，本节将列举实验的开题报告实例，以便让大家深入了解写作的方法，和开题报告涉及的内容。以下开题报告实例是在前期实验课基础上挑选出的实验项目，实验内容略有改动，并在文中标示出了所选择研究内容的入手点。所有数据使用前已征得了作者与其导师同意。

例 2.1 基于碳基二氧化钛复合材料的电 Fenton 体系降解微塑料的机理研究

环境综合训练开题报告

姓名		学号		专业	
论文题目	基于碳基二氧化钛复合材料的电 Fenton 体系降解微塑料的机理研究				
研究进展	微塑料污染已经成为备受关注的全世界环境问题，对生态系统的稳定及平衡构成了威胁。微塑料聚合度高，不易降解，据 Andrady 等报道，即使在最佳的实验室暴露条件下，聚乙烯聚合物中的碳每年也只有0.1%能通过生物降解的方式转化为 CO_2。热解法被认为是一种很有前途的 PVC 回收方法，但是热降解 PVC 的一个潜在问题是生成的油中含有大量的氯。光催化作用可以使 PVC 发生脱氯，并最终在光催化产生的活性自由基的作用下降解成乙酸和甲酸，最终矿化成二氧化碳，1 h 内 PVC 的分子量降低了53%。**寻找高效、环境友好的微塑料降解技术是目前微塑料降解研究面临的重要挑战(选择研究问题的入手点)。** 高级氧化技术通过产生强氧化剂，能够无选择地处理环境中的有毒、难降解有机污染物。电化学高级氧化技术基于电化学技术手段，使电子直接参与自由基的生成反应，具有高效、低能耗、环境友好的特点，且易于实现多氧化技术的联用。 目前，Fenton 试剂是废水处理中主要采用的高级氧化试剂，但 Fenton 试剂的药剂成本高，尤其是后续铁泥作为危险废物的处理费用，处理成本在逐步提高。随着非均相催化材料的发展，传统的均相铁催化剂逐渐被异相催化所替代，从而减少铁试剂的消耗，降低铁泥及有毒副产物的生成，并克服铁试剂对 pH 的严格限制。含铁化合物常用于构建具有类电 Fenton 功能的复合阴极材料，如 FeCuC 凝胶、Fe@Fe_2O_3、FeOOH、Fe_2O_3、Fe_3O_4等。此外，铜、铈等金属也被发现具有类电 Fenton 的催化反应活性。但金属离子的溶解仍然是非均相类电 Fenton 阴极设计的主要限制因素。				

续表

研究进展	TiO_2是一种应用广泛、酸稳定性好、环境友好、成本低廉的光电催化半导体材料，其高能带间隙赋予其许多优良的光电催化性能。在TiO_2阳极电催化行为的研究中，TiO_2常作为催化剂载体与其他金属氧化物形成复合材料(如TiO_2-RuO_2、TiO_2-RuO_2)作为氧化阳极，也有报道采用金属材料(如Bi、Ti)负载的TiO_2、低氧化态钛氧化物(Ti_nO_{2n-1})作为惰性氧化阳极材料。阳极电解过程中TiO_2价带电子(e)转移至阳极，从而产生价带上的空穴H^+，与吸附态H_2O或表面吸附的OH^-作用生成·OH。项目申请团队在前期研究中发现了C/TiO_2复合材料的类电Fenton反应活性：阴极电子的引入可以使TiO_2形成Ti^{3+}结构(能量为导带底以下0.3～0.8 eV)，这种结构能够为催化反应提供重要的吸附点位和反应活性点位，但TiO_2空穴的活性则可能因为阴极电子的引入受到抑制；同时，TiO_2将导带电子传递至吸附态O_2/H_2O_2得到H_2O_2/·OH。TiO_2在阴极类电Fenton、阳极氧化方面都具有明显的催化应用潜力。TiO_2电化学氧化行为的建立，将为高级电化学氧化技术提供廉价且稳定的新型催化剂，同时也扩展了TiO_2在电催化领域的应用，使TiO_2的电子、空穴与O_2、H_2O等作用生成活性氧自由基的催化行为，摆脱对激发光源的依赖。
研究目的	本项目拟研究C/TiO_2复合电极成对类电Fenton体系，针对目前广受关注的微塑料污染问题，以聚氯乙烯(PVC)为研究对象，分析类电Fenton体系对聚氯乙烯的氧化降解行为。
研究内容	将TiO_2/C阴极类电Fenton体系应用于微塑料PVC的处理。研究PVC的脱氯及降解过程，探究温度、PVC初始浓度等因素对反应的影响，并找出电催化处理PVC的最佳反应条件。
主要药品	聚氯乙烯、氯化钠、异丙醇、甲酸、乙酸、丙酸、草酸。
仪器	电化学工作站、傅里叶红外光谱仪、离子色谱、紫外可见分光光度计、扫描电子显微镜、TOC分析仪、真空干燥箱。
主要实验方法	1. PVC预处理 称取一定质量的PVC颗粒，将其依次用娃哈哈纯净水、无水乙醇重复清洗三遍，用砂芯过滤装置抽滤后置于玻璃皿中，用保鲜膜封住后放在真空干燥箱中于80 ℃下干燥4 h，取出后放在密封袋中备用。 2. PVC颗粒形貌分析 采用扫描电子显微镜(Hitachi S-4800)对预处理后及电催化降解后的PVC颗粒进行表面形貌的测试。用导电胶将样品粘贴在样品台上，用离子溅射仪在其表面上喷射一层金，喷镀时间约为30 s，反复三次。

续表

主要实验方法	3. 光谱分析测试 本实验中用到的红外光谱仪的扫描范围为 400～4000 cm^{-1}。进行样品测量时要先对样品进行预处理，即将样品与 KBr 按照 1∶100 研磨混合均匀，然后用压片机对其进行压片，最后将样品放入仪器进行测量。用紫外可见光谱仪对待测样品进行了紫外波段的扫描，扫描范围为 190～400 cm^{-1}。 4. X 射线光电子能谱(XPS)分析 采用 X 射线光电子能谱(ESCALAB 250)对样品表面的元素状态进行分析。带单色器的铝靶 X 射线源(Al 射线源)，工作电压为 15 kV，发射电流 10 mA。将 284.8 eV 的结合能作为基准校准进行荷电校正，并采用 CasaXPS 软件对图谱进行定量和分峰拟合。 5. PVC 含氯量及脱氯率 采用氧燃烧弹离子色谱(ICS900)对原始 PVC 颗粒中的氯含量进行了分析，结果为 52%。称取(0.5000±0.0050) g(精确至 0.0001g)的样品，在充有 O_2 的氧弹中燃烧，将含氯的化合物转化为氯化物，被预先加入的吸收液吸收，过滤后进行离子色谱分析。PVC 降解过程中溶液中的 Cl^- 浓度在离子色谱(ICS900)上直接测定。此离子色谱配有阴离子分析柱 AS19(250×4 mm)，阴离子保护柱 AG19，以 20 mmol/L KOH 为淋洗液，流速设为0.8 mL /min。PVC 的脱氯效率根据以下公式进行计算： $\text{脱氯效率}(\%)=\frac{C_f-C_i}{m_t}$ 其中，C_i 为电催化处理前溶液中的初始 Cl^- 浓度(mg/L)，C_f 为电催化处理后溶液中 Cl^- 的最终浓度(mg/L)，m_t为 PVC 中氯的总质量。 6. PVC 重量损失的计算 本实验中 PVC 电催化降解前后均用电子天平对其进行称重，重量损失按照以下公式进行计算： $\text{重量损失}(\%)=\frac{m_i}{m_f}\times 100\%$ 其中，m_i 是电催化前 PVC 的初始质量(g)，m_f 是电催化后的质量(g)。

例 2.2　超滤膜过滤过程中有机物的抗污染性能研究

环境综合训练开题报告

<table>
<tr><td>姓名</td><td></td><td>学号</td><td></td><td>专业</td><td></td></tr>
<tr><td>论文题目</td><td colspan="5">超滤膜过滤有机物去除过程中的抗污染性能研究</td></tr>
<tr><td>研究进展</td><td colspan="5">膜过滤技术是一种效率高、能耗低并易于操作的固液分离技术。纳滤和反渗透技术操作压力较高，运行能耗大，工艺比较复杂，限制了在我国的饮用水处理行业中推广应用。而微滤和超滤技术由于操作压力低，成本低，更适合在饮用水处理行业中推广。由于超滤膜比微滤膜具有更小的孔径，可以将颗粒、细菌及寄生虫去除得更彻底，因此在饮用水处理中采用超滤技术对出水水质的安全保障更具优势。
超滤膜在恒压过滤模式下运行时，随着过滤时间的延长，膜通量呈现不断下降的趋势。在恒流量过滤模式下运行时，随着过滤时间的延长，跨膜压差呈现不断增加的趋势。无论是膜通量的下降还是跨膜压差的增长，都是由过滤时污染物在膜表面或膜孔内积累导致过滤阻力增大而造成的。通常认为膜污染的原因主要有四种，包括浓差极化、滤饼层的形成和压缩、吸附与膜孔堵塞。膜过滤时，混合液中的水通过膜而污染物会在膜表面附近形成浓缩层。浓缩层阻碍物质迁移的过程称为“浓差极化现象”。如果在膜表面沉积的污染物进一步增加，就会形成滤饼层，导致过滤阻力进一步增大。如果污染物粒径小于膜孔径，便可能附在膜孔理上导致膜孔窄化。如果污染物的粒径与膜孔径相当，便可能造成膜孔结塞。
现有研究普遍认为，NOM在疏水性膜上的吸附较其他亲水性膜更容易发生，疏水性膜比亲水性膜更易被污染。NOM的主要组分是腐殖质。天然水体DOC的60%～90%都来源于腐殖质。Juker和Clark的研究表明，腐殖酸是NOM中较疏水的组成部分。亲水物质和疏水物质通常又分别称为“极限物质”和“非极性物质”。对于大多数分子来说，范德华力中的色散力是主要作用力，物质的极性越弱色散力越强，所以疏水性物质与亲水性物质相比，其与疏水性膜之间的色散力更大，会造成更紧密的结合。
中性膜在过滤粒子粒径较小的物质时，需要选择孔径较小的滤膜，这必然会带来膜通量下降、费用升高等问题。而荷电膜除了传统的物理筛分过程，膜表面及膜孔内部带来的静电排斥和静电吸附作用，使得用大孔径膜吸附或截留粒径较小的分子成为可能，可用于选择性地分离粒径相似、而电性不同的组分。而且荷电基团的引入使得膜的亲水性也得到加强，膜的透水量相应增加。由于荷电膜与溶液间的静电相互作用，溶液的渗透压降低，所以荷电膜适合在低压操作。此外，由于同种电荷相互排斥的静电作用力，膜的抗污染性也得到增强。所以，荷电膜在提升截留率、加强膜的抗污染性以及选择透过性等方面都有中性膜所不具备的优势和用途。</td></tr>
</table>

续表

研究进展	总之，**膜污染是制约超滤应用及发展的最关键问题，目前人们对它的形成机理尚没有成熟的认识，对膜污染的防止控制理论和经验还不足，因此被膜科技界的专家列为超滤的首要研究课题之一(选择研究问题的入手点)。**所以有必要结合超滤除油、去除污水中有机物的工艺实验以及控制不同操作条件对膜污染问题进行系统研究。
研究目的	基于同一种膜材料，采用化学改性的方法对中性膜进行荷电改性，比较了中性膜与 TiO_2 粒子电场预涂层膜对水中有机物的去除效果。 通过测定膜自身荷电量，截留分子量和膜材料的亲疏水性下不同有机物的膜通量和截留率，对比分析超滤膜过滤过程中有机物的去除机制。
研究内容	本课题针对超滤膜过滤过程中有机物去除和膜抗污染问题，建立膜污染动力方程，构造有机物去除模型。 通过进行膜前混凝—吸附预处理手段，对超滤膜进行荷电改性处理，并对污水进行预处理。采用带电载体在电场作用下吸附于膜表面，依靠带电载体形成的预涂层隔离导致膜污染的胶体和大分子有机物质。在去除有机物的过程中，考察截留分子量、荷电量、膜材料的亲疏水性，控制溶液 pH 和混凝剂的投加量，测定膜通量与截留率，通过用滤饼层过滤模型和膜孔窄化模型对实验结果分析，揭示超滤膜过滤过程中有机物的去除机制，探究超滤膜抗污染性能。
主要药品	TiO_2(化学纯，国药集团化学试剂有限公司)、六偏磷酸钠(分析纯，天津市永大化学试剂有限公司)、1%盐酸、十二烷基苯磺酸钠(分析纯，国药集团化学试剂有限公司)、铜片电极、硫酸铝 $Al_2SO_4 \cdot 18H_2O$(混凝剂)、腐殖酸储备液(模拟有机污染物)、活性炭、氢氧化钠(分析纯)、异丙醇(分析纯)。
仪器	总有机碳分析仪。 751G 型紫外分光光度计：使用波长 254 nm 的 UV_{254} 进行测定。 SZD-2 型智能化散射光浊度仪。 LC-9A 的高效液相色谱仪：抽取液用磷酸缓冲液（0.02 mol/L Na_2HPO_4 和 0.02 mol/L KH_2PO_4 配制），流量为 0.4 mL/min。试样用 0.45 μm 滤膜过滤，注入体积为 100 μL。 恒温磁力搅拌器(85-2，国华)。 电热恒温鼓风干燥箱(DHG-9240 型，上海三发科学仪器有限公司) 直流稳压电源(YB1732A 3A，绿扬)。 雷磁 PHS-3C 精密 pH 计。 激光粒度仪。 热差分析仪(测量物质的质量与温度关系的技术)。 扫描型电子显微镜(可观测不同 MWCO 的超滤膜对无机盐、金属离子的载流和吸附情况)。 流动电位测量装置。

续表

主要实验方法	1. 测定分析不同条件下对有机物去除的影响，明确有机物的去除机制 通过考察膜自身的电荷量、截留分子量、膜材料的亲疏水性及 NOM 的亲疏水组分对荷电超滤过程的影响，控制溶液 pH 和混凝剂的投加量，测定并比较不同有机物的膜通量和截留率，分析影响有机物膜过滤因素，探究水中有机物在超滤膜界面的作用机理。 2. TiO_2粒子电场预涂层与混凝—吸附预处理工艺相结合，明确超滤膜的抗污染性能 通过确定对膜前预处理工艺中混凝剂的最佳投量及活性炭的投加量与投加点，对 TiO_2粒子电场预涂层时间、预涂层电场强度、涂料液浓度、预涂料方式等影响因素进行考察，观察电场预涂层后超滤膜过滤性能改善情况，调控超滤膜表面上荷电改性后的电涂层，测定膜通比量和水质。

例 2.3 水生植物对纳米颗粒的相互作用机制研究

环境综合训练开题报告

姓名		学号		专业	
论文题目	水生植物与纳米颗粒的相互作用机制研究				
研究进展	纳米技术作为一种最具有市场应用潜力的新兴科学技术，近十年来在基础理论和应用研究等方面迅猛发展，在化工、医疗、电子、能源、环境保护等行业得到了广泛的应用。人工合成纳米颗粒(Engineered Nanoparticles, ENPs)在纳米产品的整个生命周期中将不可避免地进入水环境。与水生生物直接或间接(营养传递)地接触，对水生生物产生毒性，影响生物的一系列生命活动，从而对水生植物和水体中存在的其他污染物产生干扰作用，进而影响水体生物的生长，也同时影响水生植物与其他污染物间的相互作用。而水生植物作为水体初级生产力的主要组分，对控制食物网的结构和水生生态系统，乃至整个生态系统的稳定性起着至关重要的作用。 水环境是地球上物质循环和能量流动的大本营，是各种污染物重要的“汇聚区”。ENPs 在纳米产品的生产、消费和废弃过程中必然会通过人类有意或无意的行为释放到水环境中，发生溶解、团聚、沉降、再悬浮等一系列的物理化学行为，对水生生物造成严重威胁。 **植物是生态系统中必不可少的基础组分，研究植物和 ENPs 间的相互作用有利于更好地完成 ENPs 的风险评估(选择研究问题的入手点)。**针对金属氧化物 ENPs 对植物生长抑制和促进的研究均有报道。金属氧化物 ENPs 能抑制植物种子萌发、根系伸长等，甚至引起基因毒性。也有研究指出，ENPs 对植物没有毒性或者能促进植物的生长。但已有研究多数为 ENPs 对陆地植物的效应研究，真正关于金属氧化物 ENPs 对水生植物的研究十分有限。					

续表

研究目的	实验通过监测金属氧化物 ENPs 在水培系统中的浓度变化趋势及其在植物组织中的积累量，结合其对植物生理生态的影响，探求 ENPs 在植物体内的积累及其迁移转运过程，初步探究 ENPs 在水培系统中的迁移归趋，对今后分析 ENPs 水环境安全风险评估具有实际意义。
研究内容	(1)运用透射电子显微镜和荧光显微镜研究浮萍的微观结构及其生长状况，探究纳米粒子对植物生长的微观影响。 (2)研究浮萍的根、茎、叶对纳米粒子的吸附情况，及对不同部位的重金属吸收分布情况的影响。
主要药品	1. 浮萍(Lemna Minor) 培养条件：STEINBERG 全营养液(OECD，2000)。 生长条件：光照黑暗比为 12 h∶12 h，昼夜温度为 24 ℃∶22 ℃，光照强度为 8000 lux。 2. CuO ENPs、CuO BPs、$CuSO_4$ $5H_2O$(优级纯试剂)和 EDTA-Na_2(分析纯)。
仪器	放大镜、超声仪(100 W，40 kHz)、扫描电子显微镜、透射电镜(TEM，JEM-2100，JEOL，Japan)、原子吸收分光光度计(AAS，Thermo SOLAAR M6，USA)、纳米粒度仪(Nanasizer，Malvern Instruments Ltd.)。
主要实验方法	1. 浮萍(Lemna Minor) 培养条件：STEINBERG 全营养液(OECD，2000)。 生长条件：光照黑暗比为 12 h∶12 h，昼夜温度为 24 ℃∶22 ℃，光照强度为 8000 lux。 2. TEM、EDS 检测法 本实验通过正常生长和特殊设计下的生长，比较浮萍叶和根系对 CuO ENPs 的吸收能力，并利用 TEM 和 EDS 观察 CuO ENPs 在浮萍叶和根系中的分布位点。 3. 分布实验 玻璃缸用 7～10 根的玻璃槽间隔成若干小水槽，营养液放置在水槽中，浮萍叶子搭在玻璃槽上面，根系接触水槽中的营养液。选取大小形态均一的浮萍。所选浮萍分为三部分进行实验。第一部分用于对照组。在此实验过程中，浮萍叶子搭在 5 mm 厚的玻璃槽上，保持叶子不干燥，根系接触营养液(1/50 STEINBERG 营养液)。摆放完毕后，盖上玻璃板，减少水分的蒸发。第二部分只有叶子接触 CuO ENPs，根系不接触 CuO ENPs。实验操作如下：使用 200 μL 的移液枪吸取配置完毕的 CuO ENPs 悬浮液，将悬浮液以水滴状均匀等间距地打在玻璃槽上，然后把浮萍叶子小心地放置在这些水滴上，保证根系不接触纳米颗粒悬浮液，浸在营养液中，摆放完毕后，盖上玻璃板。第三部分只有根系接触 CuO ENPs，叶子不接触 CuO ENPs。实验操作如下：配置好的纳米颗粒悬浮液母液加入装有营养液的玻璃水槽中，最终浓度为实验浓度，然后将挑选好的浮萍等距地搭在玻璃槽上，摆放完毕后，盖上玻璃板。每个处理设 6 个重复。

续表

主要实验方法	4. 测定叶部和根系的金属含量 应用分布实验装置，暴露在 1 mg/L CuO ENPs 下处理浮萍 3 d 后，收集浮萍整株，用 EDTA-Na_2浸泡，并用双蒸水冲洗。然后将不同实验部分的浮萍放入 105 ℃下杀青，再放入 60 ℃至恒重。烘干后的样品称重，放入微波消解管中，再加入 6 mL 硝酸，放入微波消解仪中 1 h，定容到 25 mL，使用原子吸收分光光度计测浮萍中的铜含量。 5. ICP-MS 法 取长势相同的浮萍，用纯水洗净其根系及叶片后，分别置于 1 L 烧杯中，每个烧杯中分别加入表 1 所示浓度的溶液 1 L，其中均含植物培养液 10 mL(含氮、磷、钾、镁、硫及微量元素等)，溶液需浸没植物根系。将烧杯置于恒温培养箱中，白天 25 ℃～30 ℃培养 16 h(光照强度约 500 lux)，夜晚 15 ℃～20 ℃培养 8 h。放置 15 d 后，分别对植物的根系和茎叶进行消解和测定前处理，进而利用 ICP-MS 法测定植物组织中银的浓度。

例 2.4 聚砜膜抗污染性能优化机制研究

环境综合训练开题报告

姓名		学号		专业	
论文题目	聚砜膜抗污染性能优化机制研究				
研究进展	随着社会的发展，传统环境工程水处理技术已无法满足人们对水质的要求，水资源质量有待改善。为了保障水处理效果，中外学者加快研发水处理技术，其中超滤膜技术是一种极具代表性的新兴技术，在环境水处理中具有很高的应用价值。 但在过滤污水时，因为膜基质上或膜内的杂质(物理、化学和生物物质)积累，超滤膜极易失去渗透性，被称为“膜污染”，这是限制超滤膜广泛应用的最大因素。产生膜污染的原因有：当污染物颗粒小于膜孔径时，污染物会在膜孔隙内部造成膜孔的堵塞；当污染物颗粒大于膜孔径时，颗粒则在膜表面形成滤饼层。膜污染按照形成方式可以分为两种：一种是由于浓差极化作用，引起渗透压增加，使膜通量减少，可通过剪切作用和水力清洗去除，称为“可逆污染”。另一种是污染物与膜表面或膜孔之间通过静电作用、氢键、疏水/亲水作用以及范德华力等作用吸附在一起，作用力较强，不能通过水力震荡清洗去除，称为“不可逆污染”，会造成膜性能的永久退化。				

续表

研究进展	其中,最主要的膜污染由天然有机物引起。天然有机物包括多聚糖、腐殖质和蛋白类物质。膜污染引起渗透通量下降,增加了运行动力成本和膜的更换成本,增加了产水成本。因此,如何有效地控制膜污染已成为水处理领域的前沿和热点问题。 研究表明,污水通过混凝、吸附、氧化、MIEX、生物处理等预处理可以增加超滤膜的寿命,但预处理不能根治膜污染问题,从超滤膜本身性质进行改造具有更好的效果。超滤膜耐污性取决于其表面性质,包括亲水性、粗糙度和表面电荷。因此,改变超滤膜表面性质(主要是亲水性)来改善膜抗污染性能成为国内外学者的研究热点。目前,膜的亲水改性存在两种方法:改善膜材料表面和改性膜材料本身。改善膜材料表面可通过物理法(表面涂覆一层亲水层)、化学法(表面接枝亲水基团)或者共混法(在制膜材料中共混亲水物质)等达到改善膜表面亲水性的目的。物理法直接作用于膜表面,存在膜孔堵塞、降膜的使用效率不足等问题。因此,更多研究者倾向于研究直接作用于制膜材料本身的方法。王娜等人采用低温氮等离子体射频放电,在聚砜膜表面引入丙烯酸(亲水性),得到抗污染性强的超滤膜。张雷将聚二甲基硅氧烷(疏水性)与聚乙二醇单甲醚(亲水性)均聚物嵌段合成一系列不同亲/疏水比例两亲性嵌段共聚物,将其作为添加剂与共混改性聚砜膜,发现膜的水通量增大,截留率保持高水平,抗污染性能得到大的提升。而赵(Zhao)等人则通过石墨烯氧化物量子点嵌入聚砜膜,发现其可作为一种有效的纳米絮凝剂增加聚砜膜的亲水性、渗透性,有效提高抗污性能。**目前的研究侧重单种处理方式处理超滤膜,但方法均未普及工业生产应用,可见,提高超滤膜抗污染性的方法需进行更深的研究(选择研究问题的入手点)。**
研究目的	超滤膜作为新兴技术在污水处理工程中具有非常高的应用价值,但有机物造成的膜污染已成为制约超滤膜广泛应用的重要因素。针对此现状,本课题在现有的研究基础上,采取不同方式对聚砜膜的亲水性进行改性,并制作不同亲疏水性的有机质溶液,分析改性聚砜膜的渗透与分离性能,比较不同制膜方式对聚砜超滤膜抗污染性能的提升,以及聚砜膜对不同理化性质的有机污染物的去除能力,旨在探究最科学的聚砜膜制膜方式,同时考察最适合聚砜膜处理的污水类型,揭示聚砜膜对有机质的去除机理。该课题的研究对于优化超滤膜抗污染性能以及未来工业普及超滤膜具有理论意义和借鉴价值。
研究内容	本研究针对超滤膜过滤中有机质的过滤及其所造成的膜污染,选择聚砜超滤膜作为研究对象,对采用不同的制膜方式所得到的聚砜膜有机质溶液去除与抗污染性能进行比较研究。为深入研究聚砜膜对不同亲疏水性的有机质的去除效果,配制四种亲疏水性不同的有机污染物溶液:强疏水性、弱疏水性、中性亲水性及极性亲水性污染物,比较聚砜膜对不同理化性质的有机质的去除能力。

续表

主要药品	丙烯酸、甲基丙烯酸、氧化石墨烯、氢氧化钠、去离子水。
仪器	电子天平(ML4001,Mettler Toledo)。 磁力搅拌器(85-1 型,上海志威电器有限公司)。 超滤搅拌杯(Model 8050, Millipore)。 测厚仪(BC-01,上海九量五金工具有限公司)(测量膜的厚度)。 接触角测量仪(OCA-20,德国 Dataphysics 公司)(测膜的接触角)。 扫描电子显微镜(JSM-7001F,日本电子厂家)(表征膜的表面和断面形貌结构)。 压汞仪(AutoPoreIV 9510,麦克仪器公司)(测定膜的孔隙率)。 红外光谱(Vector 22,Bruker 公司)(检测官能团结构)。
主要实验方法	制膜方式: (1)将亲水性单体(丙烯酸或甲基丙烯酸)接枝到 PES 分子链上,得到改性材料,利用此材料制备聚砜膜。 (2)将不同的亲水性单体与疏水性单体(聚乙烯醇+聚偏氟乙烯)嵌合成两亲性嵌段共聚物,通过调节链段长度得到不同亲水/疏水比例,并以此为添加剂制作共混聚砜膜。 (3)在(1)(2)的过程中分别嵌入纳米石墨烯氧化物,再制作聚砜超滤膜。 检测方式: (1)设计空白对照组,对改性前后的聚砜超滤膜进行纯水通量以及不同有机溶液通量的测定,从而比较分析其渗透性能及分离性能。 (2)计算等离子体改性前后的膜衰减率、水洗恢复率、碱洗恢复率,分析其改性前后的膜抗污染性,对比不同制膜方式的优劣。 (3)通过改变有机溶液的 pH,考察 pH 对膜污染的影响。 (4)改变碱洗时 NaOH 的浓度,计算不同浓度碱洗的水通量,分析其碱洗效果,并对长期运行过程中超滤膜性能的变化进行评价。

2.4 仪器样品的准备

2.4.1 熟悉仪器名称、规格,掌握玻璃仪器的洗涤方法

若检查出仪器数量不足或有破损,应先补足而后洗涤。对于滴定管、移液管、容量瓶、小滴管等小口径仪器,先用自来水冲洗后用适当洗涤剂润

洗，再用自来水冲洗检查是否洗净，洗涤至不挂水珠则为洗净，最后用蒸馏水吹洗2～3次。对于其余大口径仪器，先用自来水冲洗，后用毛刷蘸去污粉刷洗，再用自来水检查洗净，最后用蒸馏水冲洗2～3次。使用前再检查仪器是否漏水。产气或集气装备还要检查气密性。

2.4.2 实验样品的制备与保存

样品制备的目标是保证样品均匀、具有代表性，使在分析时取得的任一部分都能代表全部。样品的制备方法包括以下几种：

(1)振动或搅拌，适用于液体、浆体、悬浮液体等样品，用到的工具有玻璃棒、电动搅拌器、电磁搅拌器。

(2)切细或绞碎，适用于固体样品。

(3)研磨或用捣碎机捣碎。对于带核、带骨头的样品，在制备前应先取核、取骨、取皮。目前，一般都采用高速组织捣碎机进行样品的制备。

样品的保存方法如下：为了防止实验样品出现吸水或失水、霉变、细菌等变质问题，应在短时间内进行分析，尽量现做现用。但是有的样品制作复杂，现做现用耗时耗力，拖慢工作进度，只能保存使用。原则上，保存样品的容器不能同样品发生化学反应。对于易霉变的物品，可以脱活保存，比如茶叶摘下来先杀青后加热，脱去酶的活性。为了防止滋生细菌，最理想的方法是冷冻(－20 ℃)，有的也添加防腐剂。

第3章　创新实验成果展示

研究成果的发表对科研工作具有重要的推动作用。在本科生综合创新实验中，科研成果的发表也对提高同学的主观能动性能起到重要的促进作用。本章将为同学们介绍创新成果展示的不同形式，以便大家可以根据各自的课题进展情况选择合适的方式展示成果。

研究成果的发表方式包括：结题报告、申请发明专利、发表科技论文、参加学术会议、参加各类学生科技竞赛等。以下将针对不同的发表方式展开具体的介绍与举例。

3.1　课题的结题报告

课题的结题报告是实验完成结题的最基本形式。这是对所有参加实验的同学的要求：在实验结束后，将本次综合训练实验的内容进行总结、讨论与展示。通过结题报告的整理，可以对现有实验内容进行总结与回顾，对本实验今后的设计与开展也能起到重要的指导作用。通过结题报告的书写练习，不但可以锻炼学生的总结与归纳能力，也可以通过对结构的详细分析与总结，为成果的进一步发表提供参考。

以下列举了几项课题的结题报告，以帮助同学们详细了解课题结题报告的内容和组织形式。以下内容仅为结题报告的书写提供格式上的参考，相关研究内容已征得作者与其导师的同意。

例3.1 基于碳基二氧化钛复合材料的类电 Fenton 体系降解微塑料的研究

作者： 指导教师：
（学校、学院、专业、学号）

摘要：本研究以石墨负载 TiO_2 复合物（C/TiO_2）修饰电极作为阴极，构建类电 Fenton 反应体系。以 PVC 为降解目标物，研究了类电 Fenton 体系对 PVC 降解过程的影响因素。研究发现，基于 TiO_2/C 阴极的类电 Fenton 技术能够实现 PVC 微塑料的降解，通过电催化作用和加热条件的协同作用，经过 6 h 降解，PVC 颗粒表面出现了明显的孔洞和凹陷，之前光滑的表面形态被完全破坏。在阴极电压－0.7 V vs. Ag/AgCl、pH＝3、100 ℃条件下，100 mg/L PVC 在6 h后的降解重量损失可达 56％，脱氯效率可达 75％。温度在 PVC 脱氯过程中起着至关重要的作用，较高的温度有利于 PVC 的降解。

关键词：类电 Fenton；聚氯乙烯；二氧化钛；电催化

The degradation of microplastics in the Fenton-like system based on Graphite/TiO_2 composites

Abstrat: Graphite/TiO_2 composites was applied to the degradation of microplastics in the cathodic electro-Fenton like system. The common plastic polyvinyl chloride (PVC) was selected as the degradation target. It was found cracks and holes appeared on the surface of the PVC particles after electrocatalytic degradation. the dechlorination rate of PVC reached 75％, and the mass loss was 56％ approximately after 6 h of electrocatalysis under the conditions of applied voltage of －0.7 V vs. Ag/AgCl, pH＝3, PVC concentration of 100 mg/L, reaction temperature of 100 ℃. The temperature played an important role in PVC degradation. higher temperature could promote the dechlorination of PVC.

Keywords: electro-Fenton like; plastic polyvinyl chloride; TiO_2; electrocatalysis

1 绪论

微塑料污染已经成为备受全世界关注的环境问题，对生态系统的稳定及平衡构成了威胁。微塑料聚合度高，不易降解。据 Andrady 等报道，即使在最佳的实验室暴露条件下，聚乙烯聚合物中的碳每年只有 0.1％能通过生物降解的方式转化为 CO_2。其中，聚氯乙烯(PVC)是目前广泛应用的塑料之一。在针对 PVC 的降解方法中，热解法被认为是一种很有前途的PVC回收方法，但是热降解PVC的一个潜在问题是生成的油中含有大量的氯。研究发现，光催化作用可以使PVC发生脱氯，并最终在光催化产生的活性自由基的作用下降解成乙酸和甲酸，最终矿化成二氧化碳，1 h内PVC分子量降低了53%。

高级氧化技术通过产生强氧化剂(如·OH)，能够无选择地处理环境中的有毒、难降解有机污染物。电化学高级氧化技术基于电化学技术手段使电子直接参与自由基的生成反应，具有高效、低能耗、环境友好的特点，且易于实现多氧化技术的联用[1～4]。

目前，Fenton试剂是废水处理中主要采用的高级氧化试剂，但Fenton试剂药剂成本高，尤其是后续铁泥作为危险废物的处理费用，处理成本在逐步提高。随着非均相催化材料的发展，传统的均相铁催化剂逐渐被异相催化所替代，从而减少了铁试剂的消耗，降低了铁泥及有毒副产物的生成，并克服了铁试剂对pH的严格限制。含铁化合物常用于构建具有类电Fenton功能的复合阴极材料，如FeCuC凝胶、Fe@Fe_2O_3、FeOOH、Fe_2O_3、Fe_3O_4等。此外，铜、铈等金属也被发现具有类电Fenton的催化反应活性。但是，金属离子的溶解仍然是非均相类电Fenton阴极设计的主要限制因素。

本课题组的前期研究证明，石墨负载TiO_2复合物(C/TiO_2)具有电催化氧还原得到羟基自由基的类电Fenton活性。本研究以C/TiO_2修饰电极构建类电Fenton体系，以PVC为降解目标物，研究了类电Fenton体系对PVC降解过程的影响因素，为电化学高级氧化技术用于PVC降解的研究提供研究基础。

2 材料与方法

2.1 实验仪器

本实验所需仪器与设备如表1所示。

表1 仪器与设备

名称	型号	生产商
电化学工作站	CHI 760E	上海辰华仪器有限公司
傅里叶红外光谱仪	Nicolet 6700	Thermo Fisher Scientific
离子色谱	ICS-900	Thermo Fisher Scientific
X射线光电子能谱仪	ESCALAB 250	Thermo Fisher Scientific
紫外可见分光光度计	TU-1810	北京普析通用仪器有限公司
扫描电子显微镜	JSM-6700F	日本电子公司
TOC分析仪	TOC-L	日本Shimadzu
真空干燥箱	DZF-6050	上海捷呈

2.2　实验药剂

本实验所需实验材料及试剂如表2所示，实验所用水为去离子水。

表2　材料与试剂

名称	化学式	纯度(规格)	生产商
聚氯乙烯	$\left[CH(Cl) - CH_2 \right]_n$	A. R.	阿科玛化工有限公司
氯化钠	$NaCl$	G. R.	国药集团化学试剂有限公司
硫酸钠	Na_2SO_4	A. R.	国药集团化学试剂有限公司
硫酸	H_2SO_4	A. R.	国药集团化学试剂有限公司

2.3　实验方法

本实验在持续曝氧的环境下进行，O_2的流速为40 mL/min，实验中采用三电极体系。工作电极为3 cm×3 cm×0.2 cm的石墨块，TiO_2/C的负载量为2 mg/cm^2。石墨电极(2 cm×3 cm×0.2 cm)和Ag/AgCl电极作为对电极和参比电极。在实验过程中，O_2流速保持在40 mL/min。称取0.1 g PVC微塑料加入100 mL 0.05 mol/L Na_2SO_4溶液中。用H_2SO_4和NaOH将反应溶液的初始pH调节为3.0。用胶布和泡沫将反应装置仔细密封，在磁力搅拌器上设定好所需温度开始加热，将搅拌速度设置为800 r/min，在电化学工作站上采用计时电流法将电压设为−0.7 V vs. Ag/AgCl，共持续14400 s。降解实验前后，用乙醇和去离子水洗涤数次PVC颗粒，用预先称重的0.45 μm滤膜过滤出来，然后在真空干燥箱中80 ℃下干燥6 h，最后称重。在本章中，除另有说明外，降解条件均为：初始PVC浓度为100 mg/L，外加电压为−0.7 V vs. Ag/AgCl，初始pH为3，反应温度为100 ℃，降解时间为6 h。在实验过程中，由于水的蒸发而引起的Cl^-浓度的增加已经被转化和修正。在室温下(25 ℃)，将未涂覆TiO_2/C的石墨块作为阴极进行空白对照组实验。另外，我们还做了传统芬顿实验以对比。根据文献中报道的芬顿法最适投加比例，我们将H_2O_2和$FeSO_4 \cdot 7H_2O$的投加量分别设置为25 mmol/L和5 mmol/L。为确保实验的准确性，所有实验均采用一式三份的方法进行，且每次实验前TiO_2/C阴极均进行重新制备。

实验采用的分析方法如下：

2.3.1　PVC颗粒形貌分析

采用扫描电子显微镜(Hitachi S-4800)对预处理后及电催化降解后的PVC颗粒

进行表面形貌的测试。用导电胶将样品粘贴在样品台上,用离子溅射仪在其表面喷射一层金,喷镀时间约为 30 s,反复三次。

2.3.2 PVC 含氯量及脱氯率

采用氧燃烧弹离子色谱(ICS900,Thermo Fisher Scientific)对原始 PVC 颗粒中的氯含量进行分析,结果为 52%。称取(0.5000±0.0050) g(精确至 0.0001 g)的样品,在充有 O_2的氧弹中燃烧,将含氯的化合物转化为氯化物,被预先加入的吸收液吸收,过滤后进行离子色谱分析。在 PVC 降解过程中,溶液中的 Cl^- 浓度在离子色谱(ICS-900)上直接测定。此离子色谱配有阴离子分析柱 AS19(250 mm×4 mm)、阴离子保护柱 AG19,以 20 mmol/L KOH 为淋洗液,流速设为 0.8 mL /min。PVC 的脱氯效率根据下式进行计算:

$$\text{脱氯效率}(\%)=\frac{C_f-C_i}{m_t} \tag{3.1}$$

其中,C_i 为电催化处理前溶液中的初始 Cl^- 浓度(mg/L),C_f 为电催化处理后溶液中的最终 Cl^- 浓度(mg/L),m_t 为 PVC 中氯的总质量。

2.3.3 PVC 重量损失的计算

在本实验中,PVC 电催化降解前后均用电子天平对其进行称重,重量损失按照下式进行计算:

$$\text{重量损失}(\%)=\frac{m_i}{m_f}\times 100\% \tag{3.2}$$

其中,m_i 是电催化前 PVC 的初始质量(g),m_f 是电催化后的质量(g)。

3 结果与讨论

3.1 聚氯乙烯表面形貌分析

图 1 展示了用 TiO_2/C 阴极电催化对 PVC 颗粒处理 6 h 前后的 SEM 图像。我们从图 1(a)中可以看出,原始的 PVC 塑料表面呈现出比较光滑平整的状态。经过电催化处理 6 h 后,PVC 颗粒表面出现了明显的孔洞和凹陷,之前光滑的表面形态被完全破坏[见图 1(b)]。这说明基于 TiO_2/C 阴极类电芬顿技术对 PVC 微塑料有较强的破坏作用。根据 C/TiO_2的电催化活性,推测在 O_2存在的条件下,阴极极化时体系中会有大量的 · OH 生成,因此我们初步推测:PVC 的降解是由 · OH 的攻击作用使聚合物碳链断裂导致的。

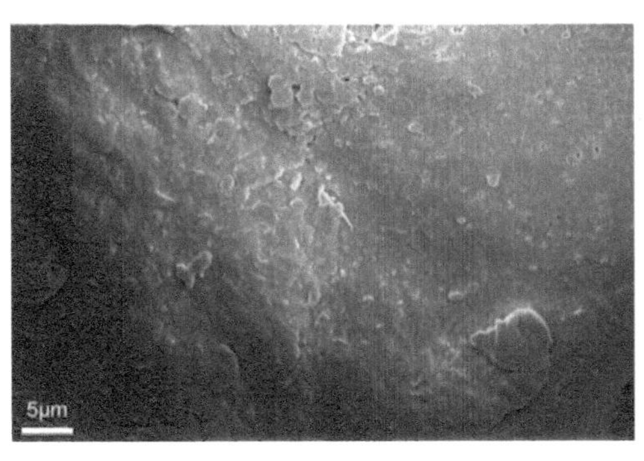

(a)原始

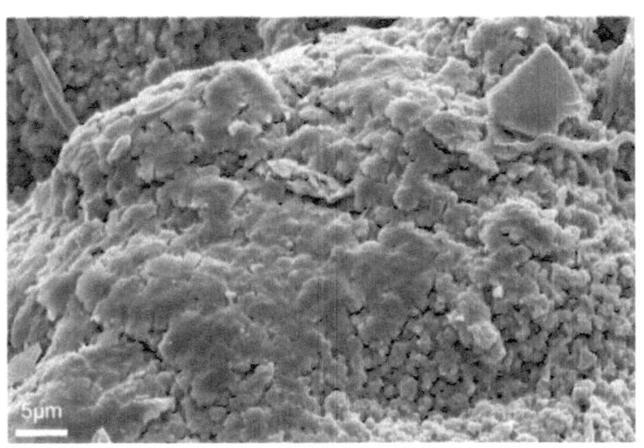

(b)电催化降解6 h后

图1 PVC的SEM图

3.2 温度对PVC脱氯效率的影响

为了测定TiO_2/C阴极电催化对PVC的脱氯效果，我们用离子色谱测试了不同温度下水溶液中Cl^-的浓度，并计算了相应的脱氯效率，结果展示在图2(a)中。可以看到，当反应温度为25 ℃时，在外加电压为−0.7 V vs. Ag/AgCl的条件下，TiO_2/C阴极电催化反应6 h后溶液中Cl^-的浓度为7.3 mg/L，脱氯效率为14%，这说明TiO_2/C阴极的电催化作用可以使PVC发生脱氯过程。另外，我们观察到PVC的脱氯效率随反应温度的升高而增加。当反应温度上升到100 ℃时，PVC的脱氯效率达到了75%，这说明温度是PVC脱氯的一个非常重要的影响因素。在以往的研究中也有人观察到了类似的现象，他们发现，提高反应的温度可以显著提高反应速率，从而提高氯代化合物的脱氯效率。此外，图2(a)还展示了空白石墨阴极和传统芬顿在25 ℃时处理PVC的脱氯效率。与TiO_2/C阴极相比，在这两种情况下的脱氯效率都处在较低的水平，分别为8%和4%。这一现象说明TiO_2/C阴极电催化对PVC的脱氯反应起到了重要作用。图2(b)中展示的是电催化降解6 h后不同温度下PVC的重量损失。和脱氯效率的变化趋势相同，PVC的重量损失也随着反应温度的升高而增加。在反应温度为25 ℃时，PVC的重量损失仅为17%，但当反应温度升高到100 ℃时，PVC的重量损失达到了56%。这一现象也表明较高的温度更有利于PVC的降解。

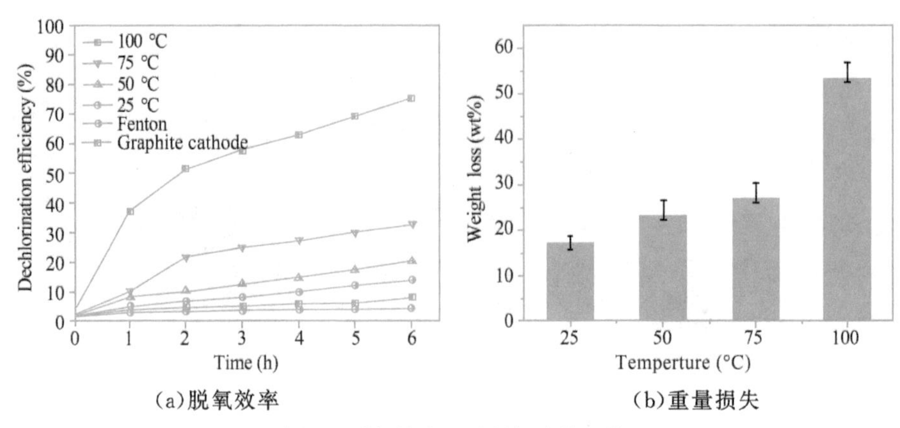

(a)脱氧效率 (b)重量损失

图 2 脱氯效率和重量损失的比较

3.3 PVC 初始浓度对其脱氯效率的影响

此外,我们还研究了 PVC 的初始浓度对其脱氯效率的影响,如图 3 所示。可以看出,当初始 PVC 浓度为 50 mg/L 时,PVC 的脱氯效率仅为 36%。随着 PVC 初始浓度的增加,脱氯效率呈现出先增加后降低的趋势。当 PVC 初始浓度为 100 mg/L 时,其脱氯效率达到最高值,即 75%,这说明 100 mg/L 是 PVC 的最佳初始反应浓度。我们推测该现象出现的原因可能是因为当 PVC 微塑料的浓度高于一定量时,PVC 微塑料颗粒会发生团聚而阻碍反应的进行。当 PVC 初始浓度大于 100 mg/L 时,我们在反应器内壁和电极上观察到了 PVC 的附着,这会导致溶液中的传质过程受到限制。同时,PVC 在工作电极上的黏附也会导致 TiO_2/C 催化剂上活性物质的消耗和活性位点的封锁,因此导致其产生 ·OH 的能力下降,进而造成脱氯效率的降低。

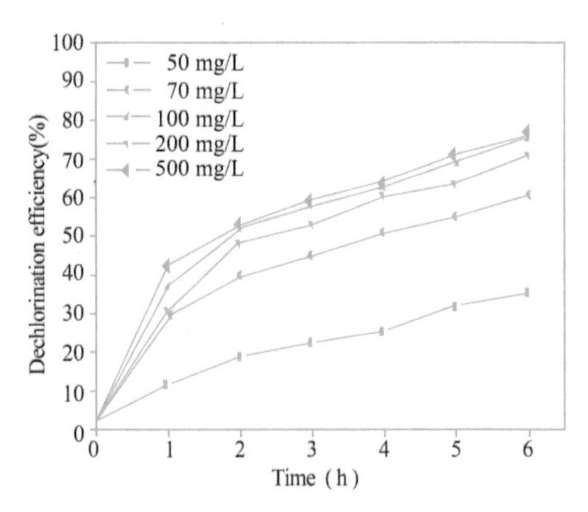

图 3 PVC 初始浓度对 PVC 脱氯的影响

4 结论

研究发现，基于 TiO_2/C 阴极的类电 Fenton 技术能够实现 PVC 微塑料的降解，通过与电催化作用和加热条件的协同作用，经过 6 h 降解，PVC 颗粒表面出现了明显的孔洞和凹陷，之前光滑的表面形态被完全破坏，PVC 的重量损失可达 56%，脱氯效率可达 75%。温度在 PVC 脱氯过程中起着至关重要的作用，较高的温度有利于 PVC 的降解。

参考文献：

[1] Radjenovic J, Sedlak D L. Challenges and Opportunities for Electrochemical Processes as Next-Generation Technologies for the Treatment of Contaminated Water[J]. Environmental Science & Technology, 2015, 49(19): 11292-11302.

[2] Martínez-Huitle C A, Brillas E. Decontamination of Wastewaters Containing Synthetic Organic Dyes by Electrochemical Methods: A General Review [J]. Applied Catalysis B: Environmental, 2009, 7(3): 105-145.

[3] Martinez-Huitle C A, Ferro S. Electrochemical Oxidation of Organic Pollutants for the Wastewater Treatment: Direct and Indirect Processes [J]. Chemical Society Reviews, 2006, 35(12): 1324-1340.

[4] Moreira F C, Boaventura R A R, Brillas E et al. Electrochemical Advanced Oxidation Processes: A Review on Their Application to Synthetic and Real Wastewaters[J]. Applied Catalysis B-Environmental, 2017, 202: 217-261.

例 3.2 疏松纳滤膜对新兴污染物的选择性分离

作者：　　　　指导教师：

（学校、学院、专业、学号）

摘要：废水中新兴有机污染物的高效去除是水处理中的重要问题。构建高效去除新兴有机污染物的技术是水处理领域中的重要发展方向。在这项研究中，我们展示了一种聚电解质多层疏松纳滤膜(PEM)的制造和应用。通过改变聚电解质的沉积周期，可以调控膜的孔径和表面电荷，从而调控膜的分离性能。评估了 PEM NF 膜对不同盐类及三种 EOCs(氯霉素、磺胺甲恶唑、磺胺嘧啶)的截留性能。结果表明，涂覆有三个双层的 PEM NF 膜显示出高达 90%的抗生素截留率，同时具有可方便调节的盐截留性能。

关键词：PEM 疏松纳滤膜；新兴有机污染物；抗生素

Selective separation of emerging contaminants by loose nanofiltration membranesAbstrat

Abstrat: Efficient removal of emerging organic pollutants from wastewater is an important issue in water treatment. The construction of technologies for the efficient removal of emerging organic pollutants is an important development in the field of water treatment. In this study, we demonstrate the fabrication and application of a polyelectrolyte multilayer porous nanofiltration (PEM) membrane, which can tune the pore size and surface charge of the membrane by varying the deposition cycle of the polyelectrolyte, thus tuning the separation performance of the membrane. The retention performance of PEM NF membranes for different salts and three EOCs, including chloramphenicol, sulfamethoxazole, and sulfadiazine, was evaluated. Importantly, PEM NF membranes coated with three bilayers showed up to 90% antibiotic retention with readily adjustable salt retention performance.

Keywords: PEM loose nanofiltration membranes; EOCs; Antibiotic

1 绪论

人类的生产、生活等活动产生的新兴有机污染物(EOCs),如药品和个人护理产品(PPCPs)通过各种途径排入自然水体[1]。尽管这些有机污染物在自然环境中的含量很低,但仍然会对人类健康和水生生态系统构成潜在风险[2],并且一些EOCs如抗生素等化学性质稳定,在水体中可长期稳定存在,因此,迫切需要开发从复杂的废水介质中去除这些EOCs的有效技术。

研究表明,一些EOCs通过尺寸(空间)排斥和静电相互作用可以被纳滤膜有效去除[3,4]。由于大多数EOCs具有较大的分子量和在自然水体中带电的特点,因此,可以通过纳滤膜的静电排斥和孔径筛分作用截留EOCs。在本研究中,我们演示了聚电解质多层(PEM)纳滤膜的制备和应用。该膜可选择性地去除进料溶液中的有机污染物。通过使用不同浓度和层数的聚电解质双层膜,可以调节膜的孔径和表面电荷。我们对表面带负电荷的PEM纳滤膜去除不同盐离子和抗生素的性能进行了评价,强调了纳滤膜在选择性去除有机污染物方面的优点。

2 材料与方法

2.1 实验仪器

高效液相色谱仪(岛津 LC-20AT);恒温振荡器(SCILOGEX MX-S);电导率计(雷磁 DDSJ-308A);pH 计(雷磁 PHS-3C);恒温摇床(上海知楚仪器有限公司

ZQZY-CG8)。

2.2 实验药剂

聚二烯丙基二甲基氯化铵(PDADMAC, Mw= 400000～500000 Da,20% wt%);聚(4—苯乙烯磺酸钠)(PSS;采用 Sigma-Aldrich,Mw=70000 Da)。实验配水所使用的抗生素(磺胺甲恶唑、磺胺嘧啶、氯霉素)、盐(氯化钠、硫酸钠、硫酸镁)均为分析纯,配制流动相使用色谱级甲醇和乙腈。

2.3 实验方法

2.3.1 层层组装制备纳滤膜

本实验采用截留分子量为 20 kDa 的超滤 PSF 膜为基底膜。实验前,对基膜进行预处理。首先将底膜浸泡在 25%异丙醇中 30 min,再用纯水清洗 2 次,每次 30 min,4 ℃过夜保存。将聚阳离子电解质 PDADMAC 和聚阴离子电解质 PSS(浓度 0.1 g/L)溶解在 0.2 mol/L NaCl 溶液中,搅拌3 h使其充分混匀。将 PSF 固定,使其活性层表面朝上。由于 PSF 基膜带负电,首先将聚阳离子电解质溶液浇铸在膜上,平放入摇床,摇动 30 min,接着将 0.2 mol/L NaCl 溶液浇铸在膜上,摇动 30 min,以去除膜上多余的聚电解质,之后用聚阴离子电解质进行同样的涂覆处理,并用同样的 NaCl 溶液进行清洗,于是形成了第一个静电组装双分子层(PDADMAC+PSS)。重复该过程可制备具有 1、2、3 个双聚电解质层的 PEM。

2.3.2 膜过滤实验装置

本实验采用 4 通道串联式的错流过滤系统进行膜过滤实验,膜的有效过滤面积为3.125 cm^2,压力由隔膜泵提供。每次实验前,用去离子水在 758450 Pa 压力下将膜压实,保证通量稳定。所有过滤实验压力均取 689.5 kPa,流量为 1.2 L/min。通过电子天平实时记录渗滤液的质量变化,以计算膜通量。

2.3.3 抗生素和盐的检测和去除

使用高效液相色谱(HPLC)对三种抗生素(磺胺甲恶唑、磺胺嘧啶、氯霉素)进行定量分析。所有样品检测前均使用0.22 μm滤头过滤。使用电导率计对三种盐(氯化钠、硫酸钠、硫酸镁)进行定量分析。试验结束后根据检测结果计算抗生素和盐的截留率。

在本实验中,截留抗生素测试分别使用含 1 mg/L 的磺胺甲恶唑(SMX)、磺胺嘧啶(SDZ)、氯霉素(CAP)的溶液作进料液。截留盐测试分别使用含 10 mmol/L 氯化钠、硫酸钠、硫酸镁的溶液作进料液。

3 结果与讨论

3.1 PEM 膜对不同抗生素的去除效果

利用 HPLC 对进水和渗滤液中的抗生素浓度进行定量,并计算其去除效率,结果如图1所示。PEM纳滤膜通过静电排斥和空间排斥两方面的作用截留抗生素。随着聚电解质双层层数的增加，三种抗生素的去除效率均明显提升。由于聚电解质双分子层的终止层为聚阴离子电解质，因此膜表面带负电荷。虽然氯霉素的相对分子量大于磺胺甲恶唑和磺胺嘧啶，但其在pH为7的水溶液中不带电，而另外两种抗生素带负电，因此由于膜和抗生素分子间的静电排斥作用，带负电的抗生素的去除效果显著高于氯霉素。随着聚电解质双层数的增加，膜变得更厚，空间排斥作用增强，对抗生素的截留也相应增强，从1个聚电解质双层到4个聚电解质双层，氯霉素的去除效率从3.8%增加到了52%，这表明多层聚电解质双层膜可以有效地去除水中的抗生素污染物。

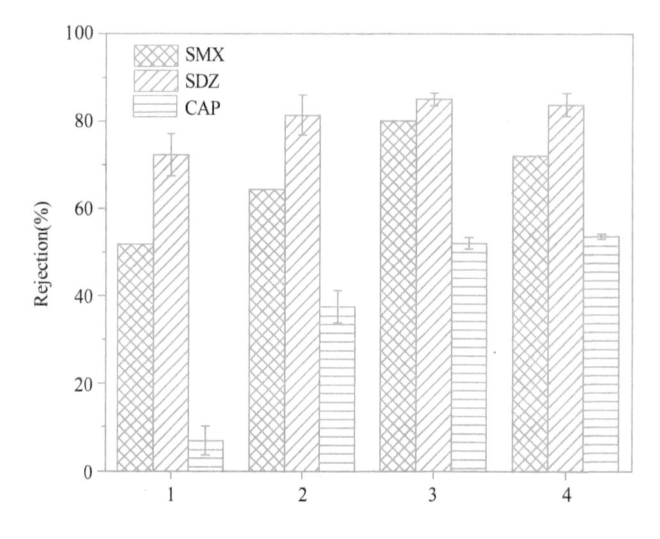

图1　不同层数聚电解质双层膜对三种抗生素的去除效果比较

（实验压力为758450 Pa，温度为30 ℃，pH为7，抗生素浓度为1 mg/L）

3.2　PEM膜对盐的去除效果

如图2所示，通过电导率测定量溶液中的盐浓度，并计算截留率。盐离子的水合半径相对较小，PEM纳滤膜主要通过道南排斥将其截留。对于表面带负电的PEM纳滤膜，阴离子是道南排斥中的限制性离子。由于硫酸钠和硫酸镁具有二价阴离子，因此其道南排斥作用更强，PEM对其排斥效果明显高于含有一价阴离子的氯化钠。随着双层数增加，得益于道南排斥的增强，PEM纳滤膜对硫酸钠和硫酸镁的截留率均大大增加，3个双分子层的PEM纳滤膜可以截留90%的硫酸钠，这说明静电排斥在PEM纳滤膜截留污染物过程中扮演着重要角色。

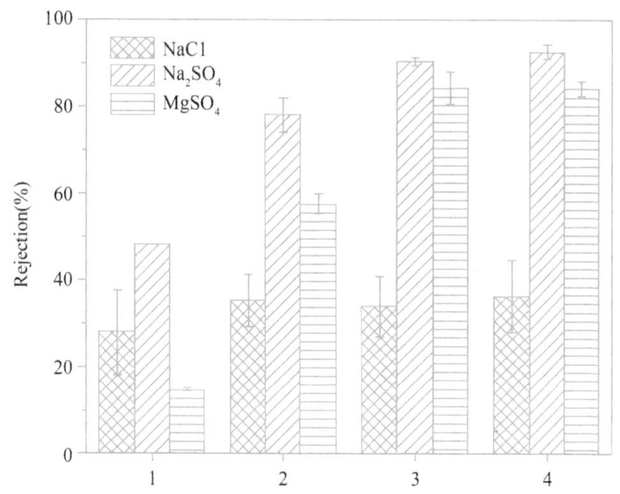

图2 不同层数聚电解质双层膜对三种盐的去除效果比较

（实验压力为 758450 Pa，温度为 30 ℃，pH 为 7，盐浓度为 10 mmol/L）

4 结论

通过使用聚阴离子电解质和聚阳离子电解质在 PSF 基膜上的交替涂覆，制备出了可高效去除水中新兴有机污染物的疏松纳滤膜，对其截留抗生素和盐的能力进行了评估。结果表明，PEM 纳滤膜可以通过静电排斥作用，实现对与膜表面带相同电荷的小分子物质的高效截留，对于去除水中的新兴有机污染物具有重要意义。

参考文献：

[1] Meffe R，de Bustamante I. Emerging Organic Contaminants in Surface Water and Groundwater：A First Overview of the Situation in Italy[J]. Science of The Total Environment，2014，481：280-295.

[2] Tran N H，Reinhard M，Gin K Y. Occurrence and Fate of Emerging Contaminants in Municipal Wastewater Treatment Plants from Different Geographical Regions-a Review[J]. Water Research，2018，133：182-207.

[3] Boo C，Wang Y，Zucker I，et al. High Performance Nanofiltration Membrane for Effective Removal of Perfluoroalkyl Substances at High Water Recovery[J]. Environmental Science and Technology，2018，52(13)：7279-7288.

[4] Nghiem L D，Schfer A I，Elimelech M. Removal of Natural Hormones by Nanofiltration Membranes：Measurement，Modeling，and Mechanisms [J]. Environmental Science and Technology，2004，38(6)：1888-1896.

例 3.3 环境水体中耐药细菌鉴定及耐药基因转移

作者： 指导教师：
（学校、学院、专业、学号）

摘要：抗生素在疾病的预防、治疗等方面发挥着不可替代的作用，然而抗生素在带给我们便利的同时，也造成了一系列环境和人类健康问题。环境中抗生素耐药细菌及耐药基因给环境和人类健康带来了严重威胁，细菌的耐药性和细菌耐药性传播已经成为当前社会面临的公共卫生难题之一。质粒介导的接合转移是细菌耐药性传播的重要方式，因此，鉴定环境水体中的耐药细菌，控制耐药细菌及耐药基因的转移扩散至关重要。

本实验对环境水体中常见的耐药菌大肠杆菌和铜绿假单胞菌进行了鉴定，并围绕耐药基因接合转移开展实验。利用选择性培养基伊红美蓝琼脂来鉴定环境水体中的大肠杆菌，大肠杆菌的菌落中心呈现黑色，并有金属光泽；利用含有抗生素的 LB 平板筛选耐药的大肠杆菌，非大肠杆菌耐药菌株在含有抗生素的 LB 平板上不生长；利用假单胞分离琼脂平板来鉴定铜绿假单胞菌，非假单胞菌属在假单胞分离琼脂上不生长；通过对在普通 LB 平板生长的铜绿假单胞菌进行肉眼观察，发现铜绿假单胞菌分泌绿色色素并伴有特殊生姜气味，对菌液进行化学提取，会看到铜绿假单胞菌中有明显的颜色变化。利用液体接合法在不同接合条件下进行同种细菌间接合转移实验时发现，在不同接合条件下，同种细菌间的接合转移频率是不同的，大肠杆菌之间的接合转移频率整体上随供受体接合比例和接合时间的增长而增大。

关键词：耐药细菌；大肠杆菌；铜绿假单胞菌；选择性培养基；接合转移

Identification of antibiotic-resistant bacteria and transfer of antibiotic resistance genes in environmental water

Abstrat: Antibiotics play an irreplaceable role in the prevention and treatment of diseases. However, antibiotics cause a series of environmental and human health problems. Antibiotic-resistant bacteria and antibiotic resistance genes in the environment pose a serious threat to the environment and human health. In recent years, antibiotic-resistant bacteria and the spread of antibiotic resistance have become one of the public health problems. plasmid-mediated conjugation transfer is an important way of bacterial drug resistance dissemination. Therefore, it is very important to identify antibiotic-resistant bacteria in environmental water and control the transfer of antibiotic resistance genes.

In this experiment, the common antibiotic-resistant bacteria Escherichia coli and Pseudomonas aeruginosa in environmental water were identified, and the experiment was carried out around the conjugation transfer of antibiotic resistance genes. Escherichia coli in environmental water was identified by selective culture medium eosin methylene blue Agar, the colony center of Escherichia coli was black and had metallic luster, antibiotic-resistant Escherichia coli was screened by LB plate containing antibiotics, and non-Escherichia coli resistant strains did not grow on LB plate containing antibiotics. Pseudomonas aeruginosa was identified by Pseudomonas isolation Agar plate, non-Pseudomonas aeruginosa did not grow on Pseudomonas isolation Agar; in addition, through naked eye observation of Pseudomonas aeruginosa growing on ordinary LB plate, it was found that Pseudomonas aeruginosa secreted green pigment with special ginger odor, and obvious color changes were found in Pseudomonas aeruginosa by chemical extraction.

When the liquid conjugation method was used to carry out the conjugative transfer experiment within genera under different conjugation conditions, we found that the conjugative transfer frequency within genera was different under different conjugation conditions. the conjugative transfer frequency within genera increases with the increase of donor/recipient ratio and conjugation time as a whole.

Keywords: antibiotic-resistant bacteria; Escherichia coli; Pseudomonas aeruginosa; selective medium; conjugative transfer

1 绪论

抗生素在预防和治疗人类传染病方面发挥着重要的作用,但抗生素的过度使用和滥用对天然微生物系统构成了强大的选择压力[1],也是细菌进化和获得耐药性的驱动力[2]。这种强大的选择压力可能导致正常敏感细菌发生突变,使细菌增殖为携带抗生素耐药基因(Antibiotic Resistance Genes, ARGs)的抗生素耐药细菌(Antibiotic Resistant Bacteria, ARB)[3]得以存活。如今,ARGs已被公认为是一种新兴的环境污染物[4]。而耐药基因能在细菌之间转移,病原菌一旦携带耐药基因,产生耐药性,就会给抗生素的临床治疗效果造成不利影响。耐药基因的主要传播方式有垂直基因转移和水平基因转移两种途径。水平基因转移是耐药基因广泛传播的重要途径之一,其中,耐药质粒介导的耐药基因接合转移是环境中最常见的细菌耐药性扩散机制。抗生素耐药性是目前世界面临的最严重挑战之一,抗生素耐药细菌和耐药基因的产生和增殖严重威胁着公众的健康和生存环境。

大肠杆菌,又叫"大肠埃希氏菌",它在环境中普遍存在,是一种条件致病菌,在一定条件下可以引起人和多种动物发生胃肠道感染或尿道等多种局部组织器官感染。铜绿假单胞菌也是一种普遍存在的革兰氏阴性细菌，属于假单胞菌科，能够在广泛的环境中生存[5]。然而，由于铜绿假单胞菌表现出致病性和对包括氨基糖苷类、喹诺酮类和β-内酰胺类抗生素在内的抗生素耐药性，因此，治疗铜绿假单胞菌感染已经成为一个巨大的挑战。

因此，为了更好地鉴别环境中的耐药细菌以及更深入地了解耐药基因的水平转移，我们利用选择性培养基筛选、肉眼直接观察、化学提取等手段来鉴定环境水体中具有耐药性的大肠杆菌和铜绿假单胞菌。同时，利用液体接合法，比较同种细菌间在不同接合条件下的接合转移频率。

2 材料与方法

2.1 实验仪器

本实验所需实验仪器如表1所示。

表1 实验仪器

名称	规格	生产厂家
恒温磁力搅拌器	RCT	IKA
pH计	PHS-3C	上海雷磁
电子分析天平	ME203	METTLER TOLEDO
双频超声波清洗器	KQ-600GKDV	昆山市超声仪器有限公司
气浴恒温振荡器	ZD-85A	常州金坛精达仪器制造有限公司
紫外可见分光光度计	UV-2000	尤尼克有限公司
振荡培养箱	ZQZY-CG8	知楚仪器
恒温培养箱	ZWY-2112B	上海智诚
超净工作台	SW-CJ-2FD	苏州净化
立式高压蒸汽灭菌锅	LDZX-50KBS	上海申安医疗器械厂
凝胶电泳装置	DYCP-31BN	北京六一仪器厂
凝胶电泳池	DYCP-31BN	北京六一仪器厂
小型高速离心机	Centrifuge 5418	美国Eppendorf公司
高速冷冻离心机	3K15	日本Sigma公司
酶标仪	Spark	帝肯(上海)贸易有限公司
实时荧光定量PCR	Quantstudio 5	赛默飞世尔科技(中国)有限公司
超微量分光光度计	NanoDrop One	赛默飞世尔科技(中国)有限公司
聚苯乙烯微孔板	96孔板	康宁

2.2 实验药剂

本实验所需实验药剂如表2所示,实验用水为去离子水。

表2 主要实验药剂

名称	规格	生产厂家
甲醇	分析纯	国药集团化学试剂有限公司
氯仿	分析纯	国药集团化学试剂有限公司
胰蛋白胨	分析纯	Oxoid
酵母提取物	分析纯	Oxoid
氯化钠	分析纯	国药集团化学试剂有限公司
琼脂粉		Oxoid
磷酸氢二钠	分析纯	国药集团化学试剂有限公司
磷酸二氢钾	分析纯	国药集团化学试剂有限公司
氯化钾	分析纯	国药集团化学试剂有限公司
伊红美蓝琼脂		青岛海博生物技术有限公司
假单胞分离琼脂		青岛海博生物技术有限公司

2.3 实验菌株

图1为RP4质粒的物理和遗传图谱。RP4质粒:该质粒携带有氨苄西林、卡那霉素和四环素三种抗生素的耐药基因,是一种可穿梭质粒,能在多种细菌之间进行水平转移。该质粒在使用前于−80 ℃冰箱中储存。

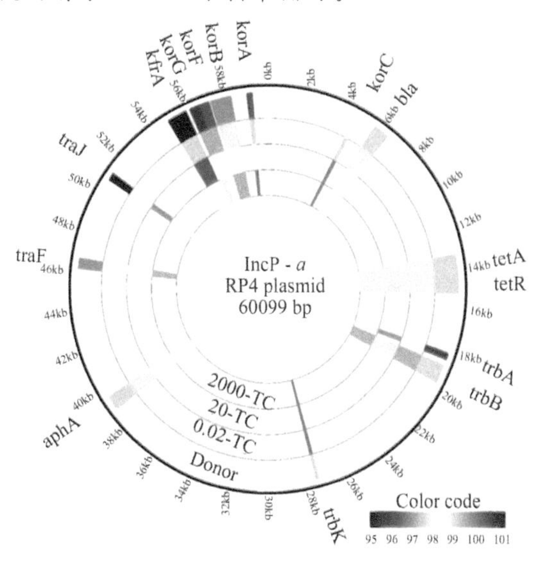

图1 RP4质粒的物理和遗传图谱

实验菌株：大肠杆菌 E. coli DH5α、含有 RP4 质粒的大肠杆菌 E. coli DH5α(R)、含有利福平抗性的大肠杆菌 K802、具有多重耐药性的铜绿假单胞菌 PAO1。

2.4 实验方法

2.4.1 菌株的培养及培养基配制

实验菌株均培养在 LB 液体培养基中，并添加相应的抗生素以便筛选出正确的菌株。细菌培养液放置在 37 ℃恒温振荡器中，转速 180 r/min，隔夜培养 16～18 h。抗生素具体浓度为：氨苄西林 100 mg/L，卡那霉素 50 mg/L，四环素 10 mg/L，利福平 25 mg/L。

LB 液体培养基配制：准确称取 10 g 胰蛋白胨、5 g 酵母粉、10 g 氯化钠到 1000 mL烧杯中，加入 800 mL 左右的去离子水，搅拌使其充分溶解，然后定容至 1000 mL，分装至 250 mL 的锥形瓶或 500 mL 蓝口瓶中，封口膜或锡箔纸封口后放入高压灭菌锅中在 121 ℃下灭菌 25 min。

LB 琼脂培养基配制：与上述 LB 液体培养基的成分完全相同，每 200 mL LB 液体培养基中加入 3 g 琼脂粉，121 ℃下高压灭菌 25 min，待培养基冷却至 55 ℃时倒入无菌培养皿中，待琼脂培养皿冷却至凝固后，将其倒置放入 4 ℃冰箱中保存。

抗生素 LB 琼脂培养基配制：LB 琼脂培养基高压灭菌后冷却备用，待其冷却至 55 ℃左右后，加入所需抗生素混匀后再倒平板。

PBS 缓冲溶液配制：准确称取 8 g NaCl、0. 2 g KCl、1. 42 g Na_2HPO_4、0. 27 g KH_2PO_4 于 1000 mL 烧杯中，加入约 800 mL 去离子水，充分搅拌均匀，加入浓盐酸调整 pH 至 7. 2～7. 4 后用去离子水定容至 1000 mL，121 ℃下高压灭菌 25 min 后保存待用。

伊红美蓝琼脂配制：称取伊红美蓝琼脂粉 3. 74 g，加热溶解 100 mL 蒸馏水中，121 ℃下高压灭菌 15 min 后冷却备用，待其冷却至 55 ℃左右后，摇晃混匀后倒平板。

假单胞分离琼脂配制：称取假单胞分离琼脂粉45. 0 g，加热溶解于1000 mL蒸馏水中，121 ℃下高压灭菌15 min后冷却备用，待其冷却至55 ℃左右后，摇晃混匀后倒平板。

2.4.2 大肠杆菌的鉴定

伊红美蓝琼脂是一种弱选择性培养基，用于分离肠道致病菌，特别是大肠杆菌。该培养基中，蛋白胨提供碳源和氮源；乳糖是大肠菌群可发酵的糖类；磷酸氢二钾是缓冲剂；琼脂是培养基凝固剂；伊红和美蓝是抑菌剂和 pH 指示剂，可抑制革兰氏阳性菌，大肠杆菌在酸性条件下产生沉淀，形成具黑色中心有金属光泽或无光泽的菌落。

因此，取适量的环境水体滴在伊红美蓝琼脂平板上，用涂布棒将水样均匀涂抹开，待水样中的菌液被充分吸收后，将平板倒放在37 ℃培养箱培养 18～24 h，然后取出，观察菌落的颜色及形态。

2.4.3 铜绿假单胞菌的鉴定

铜绿假单胞菌(Pseudomonas Aeruginosa，PA)是一种普遍存在的革兰氏阴性细菌，能够在广泛的环境中生存。同时，它是一种条件致病菌，还可以通过多种方式获得抗生素耐药性，是一种多重耐药细菌。铜绿假单胞菌可形成多种不同形态的菌落，产生多种色素(以绿脓菌素和荧光素为主)，有特殊生姜气味。因此，可在普通营养琼脂 LB 平板上进行涂布，37 ℃过夜培养后观察菌落来判断是否为铜绿假单胞菌。也可挑单菌落培养后，提取菌液中的绿脓菌素来进一步鉴定。其中，铜绿假单胞菌绿脓菌素的提取采用氯仿抽提法。

(1)将铜绿假单胞菌 PAO1 初始 OD600 值调整至 1 左右，过夜培养 24 h。大肠杆菌作阴性对照。

(2)培养后，菌液以 8000 r/min 转速离心 5 min，取出 4.5 mL 体积的上清液于 10 mL离心管中，加入 3.5 mL 氯仿，充分震荡萃取，然后以 10000 r/min 转速离心 5 min，静置。

(3)从下层有机层取 3 mL 转移到新的 10 mL 离心管中，添加 1 mL 盐酸，充分震荡均匀，再以 10000 r/min 转速离心 5 min。

(4)吸取上层无机相，在 520 nm 波长处测定吸光度值。

(5)在(2)中离心的菌体用 5 mL PBS 重悬，测 OD600。

(6)OD520/OD600 代表一个样品的绿脓菌素的值。

此外，还可将菌液直接涂布在假单胞分离琼脂中。假单胞分离琼脂的成分中，明胶蛋白胨和酸水解酪蛋白提供氮源；甘油提供碳源；硫酸钾和氯化镁可促进绿脓色素的产生；琼脂是培养基的凝固剂；萘啶酸抑制非假单胞菌的革兰氏阴性杆菌。因此，非假单胞属的细菌在假单胞分离琼脂中不生长。

2.4.4 含 RP4 质粒的耐药大肠杆菌的构建

含 RP4 质粒的 E. coli DH5α 的构建方法采用热激转化法。

(1)提前将 RP4 质粒和 E. coli DH5α 感受态细胞从−80 ℃冰箱中取出来，放在冰上融化，并用移液器将感受态细胞混匀。

(2)在冰上将感受态细胞与 RP4 质粒轻轻混合，然后静置 30 min，使 RP4 质粒吸附在细胞表面。

(3)冰浴结束后，立即将质粒与感受态细胞的混合物放入 42 ℃水浴锅中热激 80 s，使 RP4 质粒进入感受态细胞内。

(4)迅速将混合物在冰上静置 2～5 min，不要振荡菌液。

(5)加入提前加热到37 ℃的新鲜 LB 液体培养基(或者感受态细胞自带培养基)

800 μL～1 mL，混匀后在37 ℃、100 r/min 的恒温振荡器中培养 1～1.5 h，使细菌恢复到正常的生长状态，并表达出 RP4 质粒编码的抗性。

(6)复苏后以 8000 r/min 转速离心，倒掉部分上清液，混匀，取 20～100 μL 均匀涂布至含有四环素、氨苄西林和卡那霉素的 LB 选择平板上，然后于培养箱中过夜培养。

(7)转化后在上述选择性平板上长出的单菌落为转化子，即为含有 RP4 质粒的 E. coli DH5α。为方便书写，将其简称为 E. coli DH5α (R)。用质粒提取试剂盒提取转化子中的质粒 DNA，进行 PCR 验证。

2.4.5 耐药基因的接合转移实验

耐药基因可以在同种属细菌间和跨种属细菌间进行转移，这里以同种属细菌间的耐药基因接合转移实验为例，跨属细菌间的接合转移步骤与同种间的接合方法相同。接合实验采用液体接合法，将含有 RP4 质粒的 E. coli DH5α (R)作为供体菌，具有利福平抗性的 E. coli K802 作为受体菌。

将过夜培养约 16 h 的 E. coli DH5α (R)和 E. coli K802 在 4 ℃、8000 r/min 下离心 5 min 并去除上清液，用 PBS 缓冲液充分悬浮后再次离心，重复 2～3 次；最后一次加入 LB 液体培养基悬浮，调整 OD600 至 1 左右(即初始细菌密度约为 108 CFU/mL)。将两种细菌分别以 1∶1、1.5∶1、2∶1 的比例混合，放入 37 ℃的恒温振荡器中分别接合 4 h、6 h、8 h，每组实验至少重复三次。

接合完毕后，将混合液取出进行接合子的筛选：将混合菌液梯度稀释到合适浓度，用涂布棒将其涂至含有氨苄西林、卡那霉素、四环素、利福平四种抗生素的 LB 琼脂四抗筛选平板中来筛选接合子；将混合液涂至只含有利福平的 LB 琼脂平板中来筛选受体菌 E. coli K802，每组做三个平行。等菌液被充分吸收后，将平板倒放到37 ℃培养箱培养 18～24 h，然后进行单菌落计数，计算接合转移频率。

其中：

$$接合转移频率=\frac{接合子数量(CFU/mL)}{受体菌数量(CFU/mL)}$$

3 结果与讨论

3.1 大肠杆菌的鉴定结果

将伊红美蓝琼脂平板倒放在 37 ℃培养箱培养 18～24 h 后，如图 2 所示，平板中菌落中心呈黑色，有绿色金属光泽，即可判定伊红美蓝琼脂平板上长出的细菌为大肠杆菌。

图2 伊红美蓝琼脂上的大肠杆菌

3.2 铜绿假单胞菌的鉴定结果

将含有铜绿假单胞菌菌液的LB平板从培养箱中取出观察,如图3所示。在LB平板中长出的菌落有金属光泽,同时带有绿色色素,即绿脓菌素。此外,打开培养皿的盖子会嗅到一股特殊的生姜气味。由此可判断生长在LB平板上的菌落为铜绿假单胞菌。

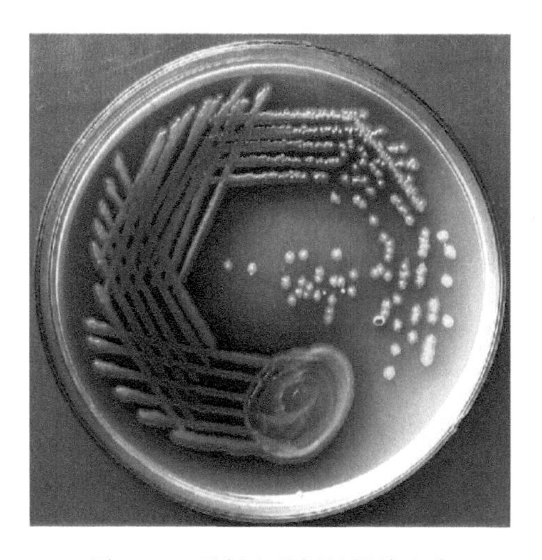

图3 LB平板上的铜绿假单胞菌

将LB平板中的单菌落挑出培养后,提取绿脓菌素,发现在对铜绿假单胞菌和大肠杆菌分别提取的过程中,产生的化学变化完全不同。在对铜绿假单胞菌的提取过程中,会看到明显的颜色变化,而大肠杆菌无明显的颜色变化(见图4)。因此,绿脓菌素也可作为鉴定铜绿假单胞菌的方法之一。

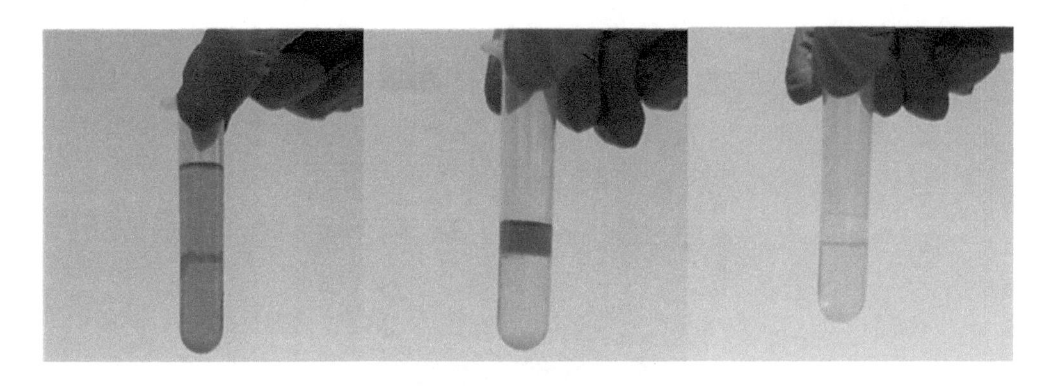

(a)铜绿假单胞菌加入氯仿后　(b)铜绿假单胞菌加入盐酸后　(c)大肠杆菌对照

图4　氯仿抽提法提取菌液中的绿脓菌素

此外,将菌液直接涂布在假单胞分离琼脂中。如图5所示,铜绿假单胞菌在假单胞分离琼脂平板中长势良好,并且在菌落密集处有绿色色素。

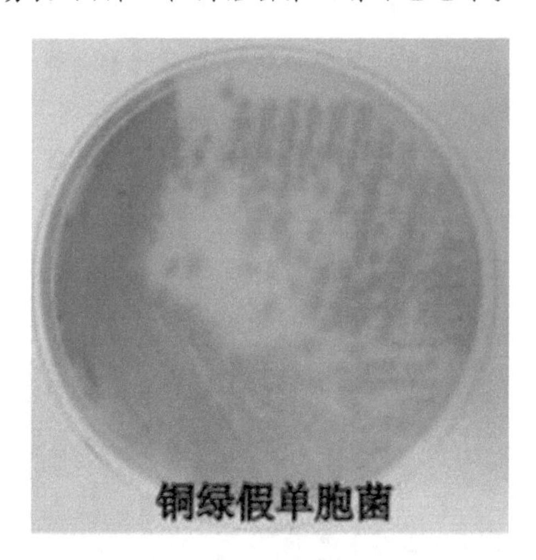

图5　假单胞分离琼脂平板上的铜绿假单胞菌

3.3　RP4质粒转化大肠杆菌结果

质粒转化凝胶电泳图(见图6)说明,只有当RP4质粒成功导入E. coli DH5α后,E. coli DH5α才能在含有三种抗生素的抗性平板上生长。在抗性平板上挑取单菌落,隔夜培养后提取质粒并进行凝胶电泳验证,在60 K左右出现的一条明显的电泳条带,即为RP4质粒条带,证明RP4质粒已成功转化进E. coli DH5α。为后面表述方便,将含有RP4质粒的大肠杆菌DH5α命名为E. coli DH5α (R)。

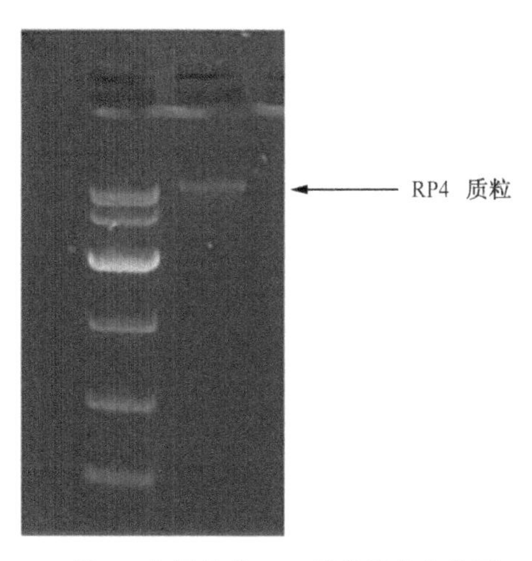

图6 大肠杆菌 RP4 质粒转化电泳图

如图7所示，大肠杆菌之间的接合转移频率整体上随供受体接合比例和接合时间的增长而增大。其中，当供受体接合比例为2∶1、接合时间为8 h时，大肠杆菌之间的接合转移频率达到最高，约为2.7×10^{-3}；当接合比例为1∶1、接合时间为6 h时，接合频率最低，约为1.25×10^{-4}。

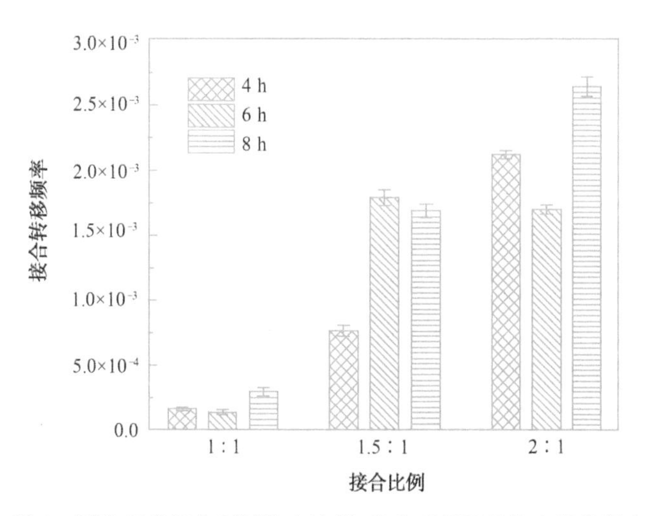

图7 同种细菌间在不同接合比例、接合时间下的接合转移频率

因跨种细菌间的接合转移相对于同种细菌间的接合转移来说较难发生，因此，跨种细菌间的接合转移频率要远低于同种细菌间的接合转移频率。

4 结论

本实验主要围绕环境水体中耐药细菌的鉴定及耐药基因转移问题展开。

利用选择性培养基伊红美蓝琼脂来鉴定环境水体中的大肠杆菌，发现大肠杆菌在伊红美蓝平板中的菌落中心呈黑色，有绿色金属光泽。对于含有RP4质粒且具有氨苄西林、卡那霉素、四环素三种抗生素抗性的大肠杆菌来说，利用含有这三种抗生素的 LB 平板就可筛选出耐药的大肠杆菌。

将含有铜绿假单胞菌菌液涂布在普通 LB 平板上培养后，即可肉眼观察到铜绿假单胞菌的菌落形态。铜绿假单胞菌在 LB 平板中长出的菌落有金属光泽，同时带有绿色色素，即绿脓菌素，并且打开培养皿的盖子会嗅到一股特殊的生姜气味。在对铜绿假单胞菌的菌液提取绿脓菌素的过程中，也会看到有明显的颜色变化。除此之外，也可利用选择性培养基假单胞分离琼脂来分离鉴定假单胞菌属。

耐药基因转移可以通过多种方式发生，其中接合转移是耐药基因在环境中最常见的基因转移机制。通过在不同接合条件下进行同种细菌间接合转移实验，我们发现，同种细菌间的接合转移是相对容易发生的，并且在不同接合条件下，同种细菌间的接合转移频率是不同的。抗生素耐药细菌和耐药基因的产生和增殖严重威胁着公众的健康和生存环境，因此，亟须寻找控制 ARGs 的有效措施。

参考文献：

[1]Qiao M, Ying G-G, Singer A C, et al. Review of Antibiotic Resistance in China and its Environment[J]. Environment International, 2018, 110:160-172.

[2]Knapp C W, Dolfing J, Ehlert P A I, et al. Evidence of Increasing Antibiotic Resistance Gene Abundances in Archived Soils since 1940[J]. Environmental Science and Technology, 2010, 44(2):580-587.

[3]Martinez J L. The Role of Natural Environments in the Evolution of Resistance Traits in Pathogenic Bacteria[J]. Proceedings of the Royal Society B: Biological Sciences, 2009, 276(1667):2521-2530.

[4]Pruden A, Pei R, Storteboom H, et al. Antibiotic Resistance Genes as Emerging Contaminants: Studies in Northern Colorado[J]. Environmental Science and Technology, 2006, 40(23):7445-7450.

[5]Silby M W, Winstanley C, Godfrey S A C, et al. Pseudomonas Genomes: Diverse and Adaptable[J]. FEMS Microbiology Reviews, 2011, 35(4):652-680.

3.2 申请专利

专利一般是由政府机关或者代表若干国家的区域性组织根据申请而颁发的一种文件。这种文件记载了发明创造的内容，并且在一定时期内产生这样一种法律状态，即获得专利的发明创造在一般情况下他人只有经专利权人许可才能予以实施。专利是受法律规范保护的发明创造，能够保护知识产权。我国专利种类有发明专利、实用新型专利和外观设计专利。

专利的作用：一是有效地保护发明创造，发明人把其发明申请专利，专利局依法将发明创造向社会公开，授予专利权，给予发明人在一定期限内对其发明创造享有独占权，把发明创造作为一种财产权予以法律保护；二是提高公民、法人搞发明创造的积极性，充分发挥全民族的聪明才智，促进国家科学技术的迅速发展；三是有利于发明创造的推广应用，促进先进的科学技术尽快地转化为生产力，促进国民经济的发展；四是促进发明技术向全社会的公开与传播，避免对相同技术的重复研究开发，有利于促进科学技术的不断发展。

以下列举了一项发明专利（见图 3.1）的一部分内容的写法，供同学们参考。同学们也可以通过第 1 章讲述的文献检索方法，在各数据库中检索相关专利。

一种高稳定性类电芬顿电极及其制备方法

技术领域

本发明属于水处理技领域，具体涉及一种高稳定性类电芬顿电极的制备方法，该方法用于催化类电芬顿反应的复合电极的制备。

背景技术

高级氧化技术以生成羟基自由基为目的，可实现难降解有机物的矿化降解，具有高效、环保、矿化程度高等优点，多用于处理工业水中的难降解有机污染物。目前，高级氧化技术与非均相电催化结合，发展出了非均相类电芬顿技术。该技术所使用的电催化材料需要附着在基底电极表面制成修饰电极来发挥它的电催化作用，提高了电催化效率，且省略催化剂的分离步骤，同时有效避免了铁泥的生成，能够明显降低高级氧化技术的成本。但是目前仍缺少可工业化的方法和材料能将催化材料牢固地固定到电极表面，并在含有腐蚀性物质的工业废水中长期安全稳定运行。之前有研究用萘酚胶或聚四氟乙烯等有机粘合剂来固定催化材料，制备出的电极虽具有较高的电化学活性，但在废水处理中有机粘合剂的粘性会逐渐降低，因此用这些方法制备出的电极在工业水处理中难以长期使用。

采用固定材料将电催化材料修饰到电极的过程同样具有挑战性。当催化剂被固定材料包裹时，一方面，催化材料不能与基地电极紧密接触，无法实现良好的电荷传输；另一方面，催化材料不能与反应物接触，无法实现传质，造成电催化材料活性减弱甚至活性完全消失。因此，固定方法也是实现电化学修饰电催化活性的关键步骤。

发明内容

针对现有技术缺少制备高稳定性类电芬顿电极的方法，且现有技术得到的修饰电极机械强度、耐腐蚀性差，电催化材料活性降低本的缺点，本发明提供一种高稳定性类电芬顿电极及其制备方法，利用3D打印的原理，采用光敏树脂来固定催化材料。以催化材料选用TiO_2/石墨复合材料为例，采用本发明所述方法能够制备获得高稳定性、耐腐蚀性优良，且兼具良好电化学活性的TiO_2/石墨复合材料修饰电极。

本发明是通过以下技术方案实现的：

一种高稳定性类电芬顿电极的制备方法，采用光敏树脂将催化材料固定于基底电极表面；所述方法包括：

（1）将基底电极的表面分成若干个催化区域和至少一个固定区域，每个催化区域和至少一个固定区域相邻；在所述固定区域预涂光敏树脂，在所述催化区域撒上颗粒状催化材料，光敏树脂在毛细作用下填充到催化材料的孔隙中，催化材料的一面和基底电极接触，另一面裸露；

（2）紫外灯照射，光敏树脂初步固化，压实；

（3）紫外灯照射，光敏树脂完全固化，催化材料被固定在基底电极上，得到高稳定性且电催化性能良好的催化材料修饰电极。

进一步地，每一个催化区域沿固定区域边界至催化区域中心的纵向深度小于 3mm；

所有催化区域的总面积和所有固定区域总面积之比为(1.5~8)：1。

进一步地，步骤（2）中，紫外灯的功率在 2-4 kW/m²，照射时间

图 3.1　专利举例

3.3 发表学术论文

SCI 一般指《科学引文索引》(Science Citation Index, SCI),是由美国科学信息研究所(ISI)的尤金·加菲尔德(Eugene Garfield)于 1957 年在美国费城创办的引文数据库。SCI 论文指的是被《科学引文索引》收录的期刊所刊登的论文。随着经济全球化,科学研究也日益全球化,SCI 论文是进行国际科学交流的重要方式,而发表 SCI 论文的多少和论文被引用率的高低,是国际上通用的评价基础研究成果水平的标准。

国内有七大核心期刊,分别为北京大学图书馆“中文核心期刊”、南京大学“中文社会科学引文索引(CSSCI)来源期刊”、中国科学技术信息研究所“中国科技论文统计源期刊”(又称“中国科技核心期刊”)、中国科学院文献情报中心“中国科学引文数据库(CSCD)来源期刊”、中国人文社会科学学报学会“中国人文社科学报核心期刊”、中国社会科学院文献信息中心“中国人文社会科学核心期刊”、万方数据股份有限公司建设的“中国核心期刊遴选数据库”——中国期刊库。这些期刊收录了各种学科的论文。

以下列举了一项往届参加综合训练实验的学生的研究内容(见图 3.2)。该学生以共同第一作者身份参与完成 SCI 论文,并发表。该文献的全文可以通过第 1 章讲述的文献检索方法获得。

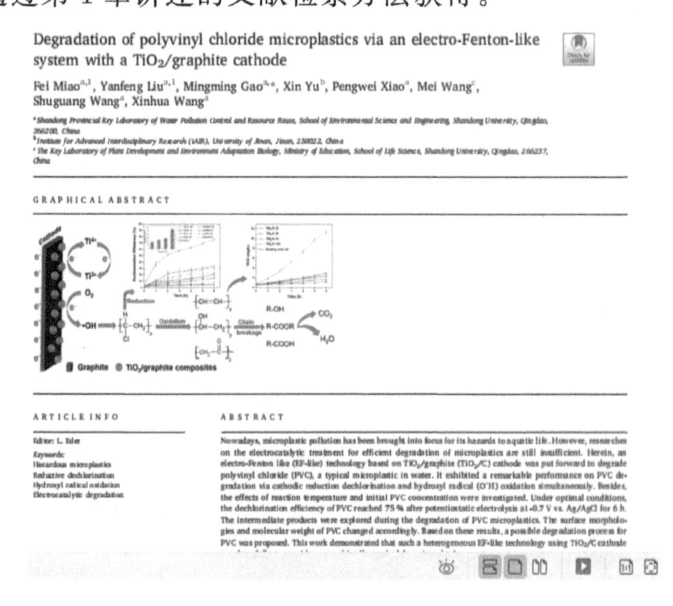

Degradation of polyvinyl chloride microplastics via an electro-Fenton-like system with a TiO_2/graphite cathode

Fei Miao[a,1], Yanfeng Liu[a,1], Mingming Gao[a,*], Xin Yu[b], Pengwei Xiao[a], Mei Wang[c], Shuguang Wang[a], Xinhua Wang[a]

[a] Shandong Provincial Key Laboratory of Water Pollution Control and Resource Reuse, School of Environmental Science and Engineering, Shandong University, Qingdao, 266200, China
[b] Institute for Advanced Interdisciplinary Research (iAIR), University of Jinan, Jinan, 250022, China
[c] The Key Laboratory of Plant Development and Environment Adaptation Biology, Ministry of Education, School of Life Science, Shandong University, Qingdao, 266237, China

GRAPHICAL ABSTRACT

ARTICLE INFO

Editor: L. Eder
Keywords:
Hazardous microplastics
Reductive dechlorination
Hydroxyl radical oxidation
Electrocatalytic degradation

ABSTRACT

Nowadays, microplastic pollution has been brought into focus for its hazards to aquatic life. However, researches on the electrocatalytic treatment for efficient degradation of microplastics are still insufficient. Herein, an electro-Fenton like (EF-like) technology based on TiO_2/graphite (TiO_2/C) cathode was put forward to degrade polyvinyl chloride (PVC), a typical microplastic in water. It exhibited a remarkable perfomance on PVC degradation via cathodic reduction dechlorination and hydroxyl radical (O'H) oxidation simultaneously. Besides, the effects of reaction temperature and initial PVC concentration were investigated. Under optimal conditions, the dechlorination efficiency of PVC reached 75% after potentiostatic electrolysis at -0.7 V vs. Ag/AgCl for 6 h. The intermediate products were explored during the degradation of PVC microplastics. The surface morphologies and molecular weight of PVC changed accordingly. Based on these results, a possible degradation process for PVC was proposed. This work demonstrated that such a heterogeneous EF-like technology using TiO_2/C cathode

图 3.2 发表文章的部分页面

3.4 参加学术会议

会议是指有组织、有领导、有目的的议事活动，它是在限定的时间和地点，按照一定的程序进行的。会议一般包括议论、决定、行动三个要素，因此必须做到“会而有议、议而有决、决而有行”，否则就是闲谈或议论，不能称为“会议”。会议是一种普遍的社会现象，几乎有组织的地方就会有会议。会议的主要功能包括决策、控制、协调和教育等。

会议有增进计划性、增进创造力、集合大家的智慧、提高同事间的共同意识、增进良好的人际关系、增进责任感、增进协调性等作用。

图 3.3 列举了往届本科生参与的科研课题成果，以第二作者身份完成了会议论文摘要。

17th ISEAC & 3rd BCL

Electrochemical reduction of CO_2 to glyoxylic acid on TiO_2/graphite composites

Mingming Gao*, Hongcen Zheng

Shandong Provincial Key Laboratory of Water Pollution Control and Resource Reuse, School of Environmental Science and Engineering, Shandong University, Qingdao, 266200, China

mmgao@sdu.edu.cn

Electrocatalytic reduction of CO_2 to fuels and organic chemicals is economical and attractive to reduce CO_2 accumulation. The electrochemical method is controllable and the electron transfer can be easily achieved. However, the challenge is to design an electrocatalyst which is stable, and efficiency. In this study, electrochemical reduction of CO_2 reduction to glyoxylic acid was achieved on TiO_2/graphite composites. The TiO_2/graphite was prepared via the sol-gel method. The electrocatalytic activity was realized by the effective electron transfer between TiO_2 and graphite. The electrochemical reduction of CO_2 on the composite material was investigated by cyclic voltammetry, linear voltammetry and potentiostatic electrolysis in 0.1 mol/L $KHCO_3$ aqueous solution, saturated with CO_2. Cyclic voltammogram in Fig.1 A exhibit that TiO_2/graphite possess the electrocatalytic activity towards CO_2 reducion. Glyoxylic acid was found to be the major product with Faraday efficiency of 71.48% at cathodic potential of -0.6 V vs Ag/AgCl electrode, pH of 7.3 (Fig. 1C and D). Oxalic acid was proved to be the intermediate, and its reduction to glyoxylic acid was the rate-limiting step during the electrocatalytic process. According to linear voltammetry at different scan rates (Fig. 2B), this process was known to be completely irreversible via Laveron equation and the transfer coefficient of the electrode process was calculated as 0.111. The rate constant of the reaction kinetics was calculated as $3.7*10^{-5}$.

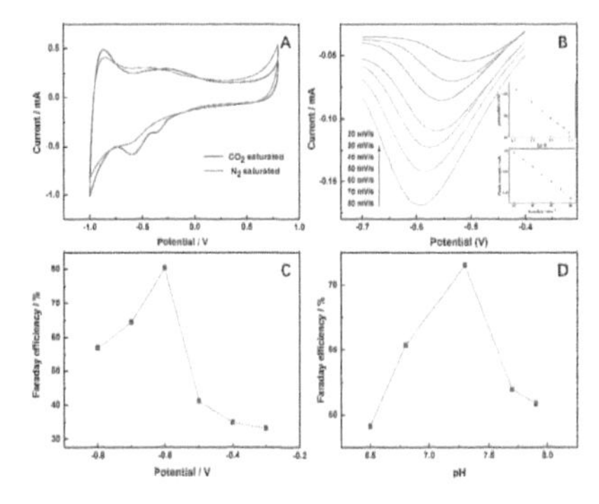

Fig.1 (A) cyclic voltammogram of TiO2/graphite modified glass carbon electrode in 0.1 mol/L $KHCO_3$ aqueous solution; (B) linear voltammetry at different scan rates with peak potential and current analysis (inset); and (C and D) Fraday efficiency for glyoxylic acid formation under different cathodic potential and pH.

Acknowledgements

This work was financially supported by the Key Shandong Natural Science Foundation (ZR2018ZC0843), and the Fundamental Research Funds of Shandong University (2018JC058).

图 3.3 会议摘要

3.5 参加科技创新比赛

为了推动本科生的科研热情，推动本科生的教育教学改革，越来越多的学校与机构开始关注本科生科技创新活动。国家、省市、高校内部推出了各类科技创新比赛。通过参加综合训练实验得到的科研成果，也可用于参与各类本科生科技创新比赛。

图 3.4 和图 3.5 分别为本科生参与的科学创新比赛的文章以及获奖证书。

摘要

结论：

作品意义：

项目成果：

成果应用：

图 3.4 本科生参与的科学创新比赛论文部分内容

第十六届"挑战杯"·鲁南制药 山东省大学生课外学术科技作品竞赛

获奖证书

作品名称：自由基/非自由基氧化体系构建下的新型催化材料应用于高效降解PPCPs的潮汕研究

推报高校：山东大学

作品奖项：第十六届"挑战杯"·鲁南制药山东省大学生课外学术科技作品竞赛 特等奖

团队成员：袁腾杰 陈诚 倪睿 王彦婷 武啸言 吴婉琪 蒋超 白雪宸

指导教师：许醒 岳钦艳

2019年6月

证书编号：SDTZB201901003-3

图 3.5 本科生参与的科学创新比赛获奖证书

第4章　实验安排

在本科生实验课模式下完成创新实验，实验的安排尤其重要。创新实验作为本科生的一门实验课，不得不与我们实验课的设置结合，因为本科生前两三年的课程繁重，实验课时间安排具体，且时间、空间有限，这也是本科生进行创新实验的特点。因此，创新实验安排应兼顾创新实验的系统性、整体性，又要兼顾与前期学习的理论课、实验课的融合与协调。

完整的实验安排要包括时间安排、分组安排、每个阶段的安排、指导教师及安全负责人的安排、实验的名称地点安排、每一阶段的实验成果展示安排、总的实验结果展示安排。

好的实验安排，能够帮助同学们在时间上将完整的创新实验化整为零，将总的实验目的融入每次规范化的实验课中。同时，在实验环节上，也能帮助同学们融合已有的理论与实验知识，并有充分的时间去整理、回顾阶段性实验成果。

4.1　总体时间安排

对于创新实验时间的总体安排，一般建议安排在大学三年级至大学四年级上学期。在这个阶段，理论课学习中的基础课基本完成，同学们开始专业课的学习。这个阶段设置综合实验课，可以与专业基础课相辅相成，提高同学们对专业知识的兴趣，运用专业知识进行创新实验，并提高同学们构建知识体系的意识。在课程安排上，有的老师建议把创新实验安排在暑假，利用暑假时间集中展开。也有的老师建议在把时间分散在学期中，进行贯穿整学期的学习。无论将实验安排在哪个学期完成，具体的时间安排建议体现以下原则：

4.1.1 实验安排具有连续性

创新实验区别于同学们自主进行的科研活动。本科生在参加科研活动的过程中,主要靠自己的主动性来完成。当自我约束力不够的时候,一部分同学往往虎头蛇尾,无法坚持,而且自主进行的活动没有良好的时间安排,往往会与专业课的学习任务冲突,到最后更是心有余而力不足。综合创新实验则在实验的总体设计上,要体现出实验的开题、设计、操作、总结的完整科研环节,是有始有终的一个完整项目。时间上大体是连续地进行整体研究,连续的实验甚至可以和专业课的学习进度结合起来,巩固专业课知识的同时也能对学生科研能力的提高起到重要的推动作用。

4.1.2 实验安排体现阶段性

本书开篇就强调综合训练的实验是探索性实验,那么,探索性实验的目不仅仅是实验操作、实验结果的记录,更重要的是通过实验的系统性训练,了解进行一项探索实验的过程。实验前期需要进行实验方案设计,得出最优化的实验设计;实验过程中会出现实验结果与预期的实验结果偏离的现象,还需要根据实验的阶段性结果进行调整,有时需要根据前期的实验结果对后期实验进行调整;实验后期还需要对实验结果进行总结。在立项申请书上就体现出了实验的阶段性。每一阶段的进程都有一定的检查形式,包括实验中期检查报告,使实验的进行有迹可循,就算出现什么与预期不符的情况,也要及时上报,在总体大纲不变的情况下,微调一下实验计划,使实验能够基本按照原计划完成,没有按计划和进度完成的也要说明原因,还可能有意外发现的收获。通过阶段性的实验安排,能帮助同学们体验实验过程,有目的、有条理地完成实验,把一个很大的项目拆分成小的阶段,使总体目标变得更加具体可行,有效防止实验过程中弄虚作假、工作进展缓慢的问题,能够及时发现问题、及时改进,加深实验各环节的作用,增强学生们发现问题、分析问题和解决问题的能力,增强学生们自主获取新知识的可持续发展能力。

4.1.3 实验安排有弹性,保留一定的时间预留

探索性实验与以往的验证性实验最大的区别在于结果的不可预见性,

因此，在实验过程中就会出现实验结果与实验预期不符的现象。这就需要同学们在实验安排上，预留出一定的实验课时，以用于进行实验的调整与改进。而且学校的仪器总数是有限的，做实验的人也很多，可能就会发生仪器使用时间的冲突，考虑到我们这种大课题的工作总时间是很长的，具体的实验时间要灵活安排，以免与其他要使用仪器的人发生冲突，所以，错开仪器使用高峰期很重要。这也就需要同学们合理安排实验的时间，避免将实验安排过慢，最后无法完成，甚至因为实验进展不顺利，影响做实验的信心。

4.1.4 重视实验结果的分析与整理

在实验的时间安排上，应体现对实验的阶段性结果分析以及最终实验结果的整理的课时。刚开始进行创新实验的同学，还没有对探索性科研工作有总体的印象，由于环境学科是建立在实验基础上的，因此，好多同学会误以为做科研就是做实验。而且由于对科研数据缺少及时的整理及分析，有时会认为实验结果毫无头绪，无法进行后续的实验，甚至认为实验失败了。还有的时候，同学们花了很长时间进行实验操作，却发现最后的实验结果都是没有意义的。这说明同学们还是没有把探索试验当成一个整体的大型实验，而是过于独立了。作为一个整体的大型实验，每个环节都是息息相关、前后呼应的，前面的实验结果要为后面实验的开展服务，这样一步一个脚印，一边分析，一边做下来，才会使实验的每个阶段都充满意义，最后的结果也更加真实。这就需要同学们在实验安排过程中，注意实验数据的结果与分析环节，每次小实验做完后都要及时对实验数据及现象进行整理。对于最终结果的分析，同样要为实验的结果整理与讨论、论文及课题汇报等预留时间。在本科生阶段，综合训练实验的结题过程一般会安排在每学期期末，往往与期末考试冲突。为避免实验总结与讨论不充分而导致实验结果没有提升，实验结题效果不好，更应该为后期结果展示环节预留时间。

综合实验的课时虽然有限，但作为一项系统的探索性实验，可以说是“麻雀虽小，五脏俱全”。合理安排实验，能帮助同学们体会实验的整体性、阶段性以及探索实验中遇到各种问题的解决方法，让同学们明白科研实验不是普通的验证实验，而是需要不断探索和挖掘的，提高同学们的科研意识和科研能力，也有利于创新思维的培养。这些对同学们以后进行科研工作，甚至其他工作都能提供经验与方法。

4.2 实验环节的具体安排

在讨论了实验总体安排的原则之后，本小节将按实验的不同阶段，具体讨论实验各环节的安排。

4.2.1 选题阶段

选题的核心要体现创新性，而创新又包括技术创新、思维创新、能力创新，所以要与时俱进。学生的创新实验经验不足，不能很好地识别一个课题是否具有探索性、是否值得研究。部分学生通过手机信息推送或者新闻报道了解到部分片面信息，便头脑一热只身投入相关创新领域内，希望通过自己片刻的灵感来产生自己的创新点，而自身却缺乏相关的知识储备及动手实践能力，甚至在实验过程中发现与专业知识相差甚远，所以，还需要专业的导师帮助选题，防止选题偏离专业学科。同时，也要加强校企合作，从课堂中走出去，通过与企业人员的交流明白研究的意义、可能的创新点。只有进行充分的调查，才有发言权，才能在选题时更有自信，具体形象地了解所选课题。选题非常重要，它决定了我们接下来的工作是否有意义，所以千万不能着急乱选，建议用一周的时间进行这项工作。

4.2.2 撰写立项申请书

在同学们进行实验安排时，要为撰写立项申请书留出时间。一方面实验学时有限，依靠有限的实验学时来完成立项，大部分同学都会感到时间不充裕。另一方面在实验的进行阶段，随着对课题的深入了解，实验的立项依据也会逐步完善。因此在实验的最初阶段不建议留太长时间，建议4～8学时。

当代大学生不应该仅仅靠课堂上的学习，而应该进行自主学习，不过于依附老师，当然也不能脱离老师，而是要进行适度改良，提高对创新理论及行业专业知识的认知。因此建议同学们尽可能多地利用课余时间，依靠各种数据库资源进行资料的查阅。可以在导师的指导下先从硕士、博士学位论文查起，梳理该课题方向研究的来龙去脉，发现值得借鉴的研究方式。

如果课题是交叉学科，就分别从不同学科的角度看论文，看看不同侧重点下的研究方式，并进行对比，看看他们的研究方式有什么共性和不同，有什么可以改进的地方，这也可以让自己少走一些弯路。立项时一定要密切关注该课题方向的实时发展状况。这就需要看一些期刊，先有个大致的了解，国内的、国外的都看一下，看一下有什么区别，即使国外可能有更先进的研究方式，但是不能盲目照搬，一定要考虑我国实际，比如说污水的处理，国内外水质不同，经济状况也不同，不能一概而论，我们要借鉴的是他们的思维方式、研究思路。在各种期刊上看到需要细致了解的，再去找论文，可以通过题目和摘要找到需要的论文。

立项相当于把实验的总体思路又梳理了一遍。立项不是简单地罗列研究内容，还要考虑结合实际，有创新性，紧随时代步伐。实验的安排也要灵活，增加可行性，进行经济性、环保性估算，要考虑到可能出现的问题及其应对措施，充分发挥人的主观能动性。立项是整个实验的大纲，是骨架，是我们以后做实验不偏离课题的保证，所以，立项阶段的工作做得越细致，越有利于实验的顺利进行。

4.2.3 实验室安全教育

实验室安全是同学们的创新实验能够进行的前提，所以，实验室安全教育应安排在同学们开始进行实验操作之前。安全教育既要包括实验室操作的注意事项、危险源识别、紧急状况应对措施这些基础知识，也要包括事故案例解读，从正反两方面强调安全无小事，分析案例发生的原因，以引起警醒，并且寻找解决安全隐患的办法，增加对安全教育的重视程度。安全教育结束之后建议立即进行安全教育的测试。测试包括常规安全知识考核和应急演练，既能加深学生的印象又能确认学生是否已经掌握了实验室安全的注意事项与规章制度，以提高学生的自我防范意识，杜绝安全事故的发生。安全教育集中授课阶段建议安排3～4课时。除了课堂的安全教育，还要不定期安排安全管理专业人员的讲座或网络授课，充分利用信息化的便利，加深印象，使安全知识的学习成为习惯。这里提醒同学们，因为创新实验的题目各异，请大家尤其注意各自实验环节的开始，还要了解具体实验的原理、在公众号或交流群观看所用实验仪器设备的运行演示、掌握实验用品的物理化学性质及其危险性（包括实验药品之间混合反应的危险性)、注意实验操作和实验药品的安全使用。

4.2.4 实验阶段

在实验阶段,建议每天对实验数据都进行整理与分析。在实验过程中,往往出现实验操作完成后,同学们不及时处理实验数据,总想着最后一起处理,而第二天的实验只管按照原计划进行。这样做往往不能及时解决实验中出现的问题,事倍功半。建议指导教师每完成3～6学时的实验后与学生讨论,及时发现问题或者发现更好的方法,帮助和督促学生建立实验总结与回顾的习惯。同时关注实验的动态进展,对关键环节提供现场指导和帮助。在实验过程中,同学们要思考这个实验为什么要用这个方法做,这个方法的优点在哪里,有没有更好的实验方法。记住,我们不是为了做实验而做实验,做实验只是为探究课题服务的,方法是不固定的,重要的是能得出结果。每个实验阶段结束后可采用小组例会的形式,就项目进展、所遇问题、结果现象等进行互动,师生共同探讨,完善实验方案的细节,启发学生们提出自己的新见解和新观点,不断进步,改进原先设想中不完善的部分,使实验更加合理可行。

结果讨论往往是同学们在实验过程中最大的问题所在,这也是综合训练实验与以往进行的验证实验最大的区别之处。验证实验只有一种结果,就是已经有很多人验证过的结果,没有什么悬念,做完之后便不用再考虑,是很独立的。而综合实验的结果是不确定的,有的实验看似独立,但它在一个课题的整体里,也只是在相对的操作上独立,它的实验结果往往要承上启下,甚至可能与预期结果南辕北辙。这并不代表实验失败,毕竟预期的结果也只是一种理论上的假设,只是需要调整原来的思路,改变一下研究方式。这可能还是新发现,需要开动创新思维,思考来龙去脉。建议在实验进行阶段中,进行3～4次小组讨论,分析实验结果。对实验结果的及时总结既能合理控制实验的进程,又能通过讨论及时发现问题、解决问题,树立科学研究的信心。

4.2.5 实验的总结与结果展示

实验的总结与结果展示环节,是创新综合训练实验的最后环节。通过这个环节,可以强化同学们对课题的理解,训练对数据和结果归纳总结的能力。把之前各个阶段的结论综合分析，是一种聚变和升华，对综合实验可以起到总体提升的作用，锻炼同学们分析、总结的能力。这一部分，往往是刚刚接触综合实验的同学们相对薄弱的环节，建议安排 4～6 学时，以结课论文及结课报告的形式进行。

在实验中，我们要针对具体的实验步骤加以规范化，通过综合训练实验锻炼同学们针对环境领域具体问题，建立实验方法，进行实验操作、数据处理与分析、结果讨论，并最终得到结论的能力。

第5章　实验安全

实验室安全是重中之重，实验室存放了大量精密仪器设备，人力、物力、财力集中，人员流动性大，且一旦操作不当，不仅会对仪器造成威胁，甚至还会威胁人的生命健康安全。可以这样说，没有实验室安全，其他一切工作都没有意义。实验室安全是一项系统工程，需要学校、学院和实验室进行严密的管理和监督，本书仅从学生的角度介绍实验室的安全知识。在同学们之前的验证实验中，老师们在实验开始之前会对同学们重点强调安全问题。但在之前的实验中，同学们可能了解的只是单项实验的具体实验操作的安全步骤和注意事项，或者使用某个仪器的安全问题，随着综合实验的开始，同学们进入实验室的时间可能明显增加，实验室的使用范围也会增加。因此，在这里我们对实验室的安全进行系统地整理。

5.1　保持对实验室的敬畏心

进入实验室之前，希望同学们牢记一句话：实验室是个危险的地方。这句话对你今后的学习，乃至今后的工作都是有益的提醒。

实验室内的危险无处不在，且种类复杂。常见的安全事故就有火灾、爆炸、化学事故、电气事故、生物安全事故、辐射事故、机械事故、信息安全等。对于初次进入创新实验室的本科生来说，其安全意识和避险能力往往不强，所以确保实验安全是一个很大的挑战。安全意识淡薄和避险能力不强的根源在于安全教育的欠缺。因此，安全意识教育对即将进入综合实验室的本科生的培养来说尤为重要。

首先要进行系统的安全教育学习，增强防范意识和应对突发状况的能力，掌握自我保护常识、仪器的使用和维护方法。

传统的安全教育课程可能枯燥无味,但是这些知识却是与我们的财产安全和生命安全息息相关的,因此,同学们要认真学习安全教育课程,不要觉得这个无关紧要而掉以轻心。只有了解了实验室的安全隐患,才能做到防患于未然。进实验室之前,认真学习所用仪器的使用和维护方法,了解注意事项,做到牢记于心,使用时才会得心应手,用完也要做好维护,防止造成安全隐患。安全知识的学习也不要拘束于面对面的课堂形式。课堂总不能面面俱到,老师也可能会忽略一些老手不会犯、新手很容易犯的错误,同学们可以通过参与安全教育讲座弥补这方面的不足。通过网络授课等形式听一些实验安全管理专业人员的讲座更会受益匪浅。学会利用现代化信息技术拓展安全教育途径,学校可以设立或推荐实验室安全教育相关的公众号,供学生订阅。这样,同学们就可以在不限时间地点的情况下方便地学习安全知识,并且由于电子读物可快速更新,同学们的知识就能与时俱进了。

可能光从正面学习安全知识还是不足以引起警觉的,因为我们总觉得安全事故离我们很远,是偶然事件,但通过对已经发生的安全事故进行解读,我们会发现这几乎是偶然中的必然,一切都有因可循,并且危险就在我们身边,从而起到警示和借鉴作用,防止悲剧重演。通过对事故案例的解读,寻找问题发生的根源,丰富理论知识以指导实际操作,总结经验教训,增强反事故能力,对标案例,查找不足并予以解决。

实验室药品繁多,而且很多具有毒性、腐蚀性等,为了保护好自己,进入实验室一定要穿实验服并系好扣子,穿长裤、不漏脚趾的平底鞋,长头发一定要扎起来,最好盘起来不要让头发乱飘。女同学要尤其注意这一点,头发暴露在外可能接触药品,对头发造成损害,还可能卷入仪器威胁生命安全,2011年耶鲁大学一女生就是因为长发缠入机器绞缠窒息致死,所以我们在实验室一定要整理好头发。常见的实验室装备包括防护手套、实验服、眼睛防护装备和呼吸防护等。防护手套种类多,有隔热用的帆布手套、用于接触化学品时佩戴的乳胶手套、处理强酸强碱试剂时的橡胶手套等,请同学们注意根据不同的防护需求使用。在使用防护眼镜时,请同学们注意,普通的近视眼镜不能作为实验室防护眼镜使用。呼吸防护同样根据不同的防护要求，按需要使用恰当的呼吸防护用品，如防尘口罩、防毒口罩、防毒面具等。如果做涉及紫外线的实验，还需要使用紫外防护面罩。

实验进行前，首先查阅化学品安全说明书，熟悉所用实验材料的物化性能，然后再根据实验方案查阅相关仪器的使用说明，做好实验的安全准备。除了会使用实验用到的仪器，还要学会使用泡沫灭火器、干粉灭火器、二氧化碳灭火器、四氯化碳灭火器、沙箱、自动灭火装置、灭火毯等消防设施，并知道什么设施适用于什么情况，在最坏的情况下（危险发生时）能够进行专业、快速、有效的处置。实验过程中，不仅要根据具体实验戴好相应的防护用具，还要了解不同实验的进行地点，比如有毒有害实验一定要在通风橱内进行，保证好通风橱的通风，加强危险识别能力，认清各种危险标签，比如毒性、易燃易爆、腐蚀性、挥发性等各种标志。

实验用品的取用与摆放要严格遵守规范，不能偷懒、乱拿乱放。乱拿乱放不仅对下一次的寻找增加困难，还可能因为放置不当导致药品失效变质，甚至具有易燃易爆、挥发性、毒性的药品还会威胁人身安全。易燃易爆的化学品不得放在靠近烘箱、水浴锅等有热源的位置；不得将易燃易爆试剂存入没有防爆功能的冰箱；剧毒、贵重药品/制品必须存放在保险柜中，由至少两人保管；硫酸等高危化学品用完一定要封存好，不可随意放置在实验台上；可燃化学品不能与纸类物品放在一起；试剂瓶要规范摆放，标签向外，用完要密封好，保持瓶身干净，轻拿轻放。仪器用完要及时关闭并关闭电路，电源使用前一定要看好功率等信息，千万不能接错。接错电源轻则仪器不灵、运转受阻，重则损坏仪器，甚至危害人身安全。

实验室不能进行任何饮食行为。尤其是刚进实验室的本科生，把实验室和平时上课的教室等同，把食品、饮料、水杯带进实验室，趴在实验台上休息，这些都是非常危险的行为。

进入实验室后，首先观察冲淋消防等急救设备放置位置并确定是否能正常使用，检查通风橱是否可以正常使用，电路是否老化，若发现故障及时报修，暂时不要用这个实验室。若无故障，还要了解急救措施和逃生路线。

实验室中的物品也不要随便带出，用过的防具不要乱丢，垃圾放在实验室指定的垃圾箱里，离开实验室前用洗手液或肥皂洗手。

5.2 实验的安全设计

创新实验的设计是本科生创新实验的重要环节。安全的实验设计、环节设计，对后续实验的安全性是有力的保障。学生及其指导教师都应在实验的设计阶段充分考虑实验各环节的安全操作。2016年东华大学爆炸事故的发生正是由于学生的无知，错误投放药品造成的，所以，我们在实验设计中就要考虑到安全问题，做到了解实验原理、明确实验风险，对于实验所使用的化学品、可能出现的中间产物、实验操作步骤及操作流程、实验的时间安排，都应充分保障实验的安全性。采用预防为主的策略，但是对实验中可能出现的安全隐患也要制定出稳妥的应对措施，尽可能地减少损失和伤亡。

首先，请同学们详细查阅在实验中所使用的化学品的物理化学性质及毒性。使用的药品都可以从厂商或者产品网站上得到《材料安全数据表》(《Material Safety Data Sheet》)。图5.1是某厂商提供的某一种药品的《化学品安全说明书》的图例。它是材料生产商和进口商用来阐明化学品的理化特性(如pH、闪点、易燃度、反应活性等)；对使用者的健康影响(如致癌，致畸等)；燃、爆性能；毒性及环境危害；安全使用注意事项(如泄漏应急救护处置、主要理化参数、废弃物处理方法)等方面信息的综合性文件，是传递化学品危害信息的重要文件。通过阅读《材料安全数据单》，同学们可以全面了解所使用材料的物理化学性质、安全注意事项。

同时，还要根据实验流程分析实验过程中可能的产物，了解这些中间产物、产物的物理化学性质及安全注意事项。尤其注意在环境修复技术中，微生物常会有易燃易爆的代谢产物生成，如CH_4、沼气、H_2、CO等。对于这些产物的去向或处理，为保证它们的安全性，要么收集起来备用，要么做下一阶段的原料……这些在实验的准备阶段就要提前做好。

设计实验时要考虑到材料和产物的危险性。危险性太大的尽量寻找替代品，选用无毒或低毒的化学品改进工艺。

化学品安全技术说明书 ARLANXEO Performance Elastomers

依据国标GB13690-2009及GB/T16483-2008、化学品分类和标签全球协调制度(GHS)

BUNA CB 24 Port Jérôme 04846478

第1部分 化学品及企业标识

产品名称 : BUNA CB 24 Port Jérôme

推荐用途和限制用途 : 生产轮胎/橡胶工业制品的原材料

供应商/制造商 : 阿朗新科高性能弹性体(常州)有限公司
中国江苏省常州市新北区黄海路318号 213127
电话:+86-519-88021199 传真:+86-519-88021255
ARLANXEO High Performance Elastomers (Changzhou) Co., Ltd.
No. 318, Huanghai Road, Xinbei District, Changzhou, Jiangsu Province, 213127, P.R. China
Email:lxs-sds-china@lanxess.com
Phone: +86-519-88021199 Fax: +86-519-88021255

应急咨询电话 : +86 532 83889090

第2部分 危险性概述

物质或混合物的分类根据 GB13690-2009 和 GB30000-2013

紧急情况概述

固体。[胶包]
微黄色。
特征气味。[轻微]

有关环境保护措施,请参阅第 12 节。

危险性类别 : 不分类。

GHS标签要素

信号词 : 无信号词。
危险性说明 : 没有明显的已知作用或严重危险。
防范说明
预防措施 : 不适用。
事故响应 : 不适用。
安全储存 : 不适用。
废弃处置 : 不适用。

物理和化学危险 : 没有明显的已知作用或严重危险。

健康危害 : 没有明显的已知作用或严重危险。

环境危害 : 没有明显的已知作用或严重危险。

发行日期 : 2017-01-30 页数:1/8

图 5.1 《化学品安全说明书》

此外,还要认识急救药箱及其配备的日常急救药品,掌握它们的使用方法,学习一些基本的包扎知识。在实验过程中,药品或试剂喷洒溅落在皮肤上,不要盲目地用水清洗,比如酸碱等物质用水清洗反而会加重伤势,要先用对应的药剂清洗,要确保受伤后第一时间得到正确的救护。

其次,请同学们查阅所要用到的仪器装置的使用方法及注意事项。在实验设计阶段,就要了解所有仪器装置的使用方法及注意事项。这些注意事项在仪器的使用说明书中都有详细说明。对仪器可能的用电、用气危险尤其要注意。电源的使用要结合实验室的具体情况,了解实验室电源的位置、种类、功率等。各种气体的使用一定要看清楚不同气体的容器,理清各种输气管道,把握好开关,使用后一定要关好气瓶,不能再让气体直接接触到火焰。本科生的创新实验周期短、实验操作有待规范,需要实验老师及指导教师做好实验室仪器的使用培训,并建立仪器的使用登记制度。建议将仪器的操作方法、注意事项置于仪器旁显眼处,方便学生查询。建议开设虚拟仿真实验,通过建设环境工程虚拟仿真实验,加强学生对实验方法的应用,加深学生对知识点的直观感受,而且降低实验成本,解决环境工程专业大型实验设备占地多、参数多变、运行和维护成本高、周期长等问题,为实地实验提供基础。实验室的安全管理也是为实验提供良好工作环境的必要准备。

很多仪器都不是一次性的,需要重复使用,所以,做好维修保养工作也很重要。仪器使用的档案记录一定要认真填写,详细记录设备使用时间、使用前后的状态、分析项目、运行状况、使用人员等。发现有问题的地方及时上报实验管理人员,只有这样,技术人员才能及时更换有故障的部件,提高安全保障。加强对实验参与人员的技术培训,使用大型仪器前要有理论基础,并且学过实际操作,还要通过学术讲座或者线上专题等途径了解仪器设备的发展动态,掌握仪器操作、维护、保养技能。

再次,请同学们根据以上整理的内容列出实验过程中需要的防护设备。如果需要使用通风橱等设备,还需要向指导教师了解实验室是否配备了通风橱装置。

最后,请同学整理上述内容,出具一份针对自己实验室的《安全保障计划书》。与研究计划书相对应,其包括:

(1)实验中使用药品、气体的安全性分析。

(2)实验过程中的中间产物及其安全性分析。

(3)实验所用仪器的安全性及实验操作流程中的安全注意事项。

(4)实验所需要的个人防护用品列表。

(5)实验室安全职责负责人及其联系方式。

(6)保障实验安全所需要的防护设备。

(7)实验时间的安排,包括是否存在连续不间断的实验,与上课时间进行协调后的合理安排。

5.3 实验室的危险源

本科生实验训练不足,安全意识不够,所以本科生的创新实验尤其应注意安全问题，学生和指导教师应始终贯彻“安全第一”的理念。在本节中，和同学们一起了解一些实验室中的危险源。

危险源是指可能引起事故的根源，即系统、过程或设备可能造成环境破坏的危险物质、生产装置、设施或场所以及个人作业的不安全行为或组织管理失误等。危险源由潜在危险性、存在条件和触发因素这三个要素组成。实验室危险源按要素分为人员、设备、物品、环境、方法这几类。人员：行为能力不足、安全意识不强；设备：带故障运行、高压漏电、设备温度过高或过低、设备固定不牢；物品：易燃易爆物质、腐蚀性物质、带辐射物质、有毒有害物质；环境：温度异常、高空坠物、废物废液废气、漏水漏电、高压、辐射、干燥或潮湿；方法：不科学、不合理的实验方法会在实验过程中生成有毒有害或易燃易爆的物质。危险源不等于事故，不可能完全消失，但是在触发因素的作用下，危险源转化为危险状态，就会转化为事故。要防止危险源转化为事故，就要识别出危险源，然后采取预防措施，在危险源与事故之间建立起安全墙。在这些措施中，提升人员的安全意识尤为重要。

环境学科的实验室危险源可以按以下方法分类：

第一类危险源：机械加工装置（如高速离心机等）、有毒有害化学品及易制毒化学品、动物及病原微生物及其废弃物、放射源及射线装置、高压容器（如钢瓶、高压灭菌锅等）等物质型危险源。图 5.2 中列举了实验室中几种常见的危险源标识。

图 5.2 危险源标识举例

在图5.2中，第一行为爆炸品、易燃气体、氧化剂，第二行为不燃气体、腐蚀品、有毒品，第三行为注意安全、注意防尘、GHS危险品(对水生生物和植物有危害)。

除此之外还有很多危险源标识，同学们一定要多看多记。

对于有毒有害物体，要看它们的容器是否完好无损。容器有损坏的不要乱碰，并且要报给管理人员。使用玻璃器皿前要检查它的气密性，是否会泄露，防止气体分析时有害气体溢出。

第二类危险源：电源及电器危险源、声能危险源、光能危险源、高温高压内能危险源等能量型危险源。其中用电危险是实验室中重要的危险，14%的实验室着火原因都是源于线路老化。用电危害包括电路超载、电路磨损、电路缠绕、易燃物溅落到电源上、过度串联等。同学们在实验中要规范使用电源，检查打开照明开关时是否漏电、打开电炉开关时是否漏电，对可能的安全隐患及时与实验室管理人员沟通。对于其余的能量型危险源的操作也要注意，制备蒸馏水时注意观察是否有沸水溢出或蒸馏器干烧或蒸汽外泄的情况，加热溶解时是否有物料溢出，防止火灾和灼烫伤发生。

第三类危险源：能够促发第一类、第二类危险源发生作用的一类危险源，包括实验室环境条件、安全管理决策及组织失误(组织程序、组织文化、制度规则、人不安全行为、失误)。例如：消防器材完整性与有效性，疏散通道畅通与否，门窗、锁及搭扣完整情况，制度上墙情况，安全管理员落实情况，安全培训制度及执行情况，安全自查执行情况，实验室使用记录情况，安全事故处理预案制度，实验室开放及钥匙管理制度等都属于此类。

资料显示，高达98%的安全事故是由第三类危险源的触发引起的，其中人为因素又是主要因素。多数人因为对危险源识别不清、疏忽大意而造成火灾、毒害、爆炸。所以，对于参与实验活动的人员进行培训和控制，是实验室安全管理最重要的内容。

学生要在教师的指导下对创新实验的内容、操作方法以及有关仪器、药品的性能有充分的了解，并严格按照步骤操作，即使工作结束后也不能一走了之，还要全面检查室内水、电、煤气、门窗等，确保安全后方可离开。实验过程中产生的“三废”也是危险源，要按规定妥善处置，废液禁止直接倒入水槽，要分类处理，倒在指定的废液缸(桶)中。

在保证实验过程安全的前提下，创新实验才有可能取得成功，并能从中得到知识和成果。如果准备不充分、粗心大意，不但实验可能失败，还有可能发生严重的安全事故，后果将不堪设想。

第6章　高级氧化技术实验举例

6.1　实验选题

高级氧化技术（Advanced Oxidation Process，AOPs）是一种以生成羟基自由基（·OH）等强氧化物为主要技术手段，针对有毒、难降解有机废水高效降解的一种水处理技术。Fenton技术是高级氧化技术中的代表性技术，通过反应式（6.1）生成羟基自由基，从而实现对水体中难降解有机物的氧化降解。

$$Fe^{2+} + H_2O_2 \rightarrow 2OH^- + Fe^{3+} \tag{6.1}$$

目前，该技术已广泛应用于工业生产中的难降解污染物处理。该技术具有前期成本低、处理速度快、占地面积小等优点。但随着高级氧化技术的发展，Fenton技术产生的铁泥造成的高处理成本成为该技术发展的主要限制因素，因此，高级氧化技术逐渐出现电化学高级氧化技术。本实验选题为高级氧化技术方向，通过高级氧化技术来处理水体中的有机污染物。笔者所在课题组已开展了相关研究。

6.2　设计思路与实验目的

6.2.1　设计思路

高级氧化技术以产生羟基自由基为目的，利用活性自由基实现对有机物的降解和矿化。羟基自由基具有强氧化性、低选择性，可以与绝大多数有机污染物发生化学反应，使其分解成小分子的有机物，甚至是CO_2和H_2O。研究发现，高级氧化技术处理后的抗生素废水其毒性明显降低，且可生化性得到明显改善。因此，高级氧化技术可以作为有毒难降解废水的预处理过程，降低废水的毒性，提高可生化性，然后再利用生物法进行降解，从而提高降解效果，降低处理成本。

传统 Fenton 技术具有较强的氧化性能和良好的处理效果，但不足之处在于：H_2O_2的运输与保存危险性大、成本高；无法实现 Fe^{2+} 的循环，受 pH 影响大，容易形成铁泥。为了解决上述问题，研究人员将传统的 Fenton 技术与电化学方法结合，构建了电 Fenton 技术。电 Fenton 技术是在传统 Fenton 技术基础上，与电化学反应结合，实现了 H_2O_2在阴极原位生产，也促进了 Fe^{2+} 循环再生，显著降低了运行成本及铁泥的产生量。

电 Fenton 技术作用机理如下：

$$Fe^{2+}+H_2O_2 \rightarrow 2OH^-+Fe^{3+} \tag{6.2}$$

$$O_2+2H^++2e^- \rightarrow H_2O_2 \tag{6.3}$$

$$Fe^{2+}+H_2O_2 \rightarrow 2OH^-+Fe^{3+} \tag{6.4}$$

$$Fe^{3+}+e^- \rightarrow Fe^{2+} \tag{6.5}$$

综上所述，电 Fenton 技术具有下列优点：

(1) 实现 H_2O_2在阴极原位生产，避免试剂在运输和储存过程中存在的风险。

(2) 处理过程绿色清洁，实现 Fe^{3+} 和 Fe^{2+} 循环利用，减少铁泥的生成。

(3) 处理设备相对简单，操作性好，容易实现自动化控制。

由于具有上述优点，电 Fenton 技术目前已被用于处理高毒性、难降解的有机物废水，例如印染、农药、制药等行业的废水。

尽管电 Fenton 技术在处理难降解有机物方面有着出色的性能，但均相铁离子的应用存在以下不足：

(1) 反应过程中形成的小分子的中间产物可与 Fe^{2+} 形成络合物，降低催化活性。

(2) 反应受 pH 的影响大。通常只能在较低的 pH 条件下进行，且 pH 的变化范围窄。

(3) 反应需额外添加催化剂，反应后的废水中含有大量铁离子，增加了后续处理过程的复杂性。

非均相催化电 Fenton 技术针对以上问题，开展了相关研究，取得了重要的研究进展。通过非均相催化剂的研发，例如零价铁、金属氧化物等固相催化剂，取得了良好的效果，不但避免了铁离子的持续投加，有效降低了铁泥的产生量，而且扩大了 pH 的应用范围，反应机理如图 6.1 所示。

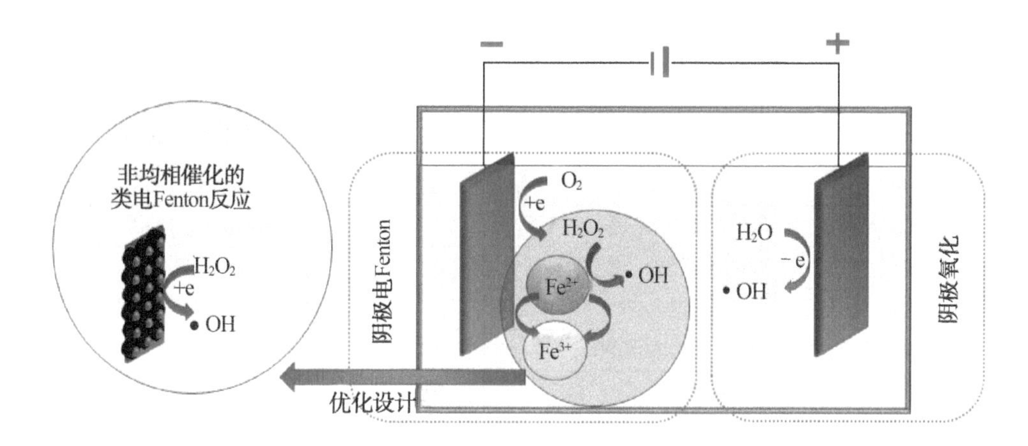

图 6.1 非均相电 Fenton 技术的优化设计

本课题组在前期的研究中发现：石墨支撑的 TiO_2（C/TiO_2）复合物具有氧还原生成羟基自由基的活性，因此在本章的实验中，采用 C/TiO_2 复合物作为非均相催化材料，制备非均类 Fenton 阴极。

6.2.2 实验目的

本实验以典型的抗生素类药物——盐酸四环素为降解目标物，比较 Fenton 技术、电 Fenton 技术、非均相电 Fenton 技术对目标物的降解性能，分析不同工艺的降解机理。通过对上述过程的比较和分析，了解 Fenton 技术的特点、应用范围及进展过程，从而进一步探讨 Fenton 技术的发展方向。

6.3 实验试剂与仪器

6.3.1 实验试剂

本实验所需实验试剂如表 6.1 所示，图 6.2 为降解目标物盐酸四环素的化学结构图。实验所用水为去离子水。

表 6.1 实验中所用的试剂

试剂	分子式	等级	生产商
盐酸四环素	$C_{22}H_{25}N_2O_8Cl$	96%	Sigma-Aldrich 公司
七水合硫酸亚铁	$FeSO_4 \cdot 7H_2O$	A. R	国药集团试剂有限公司
无水硫酸钠	Na_2SO_4	A. R	天津科密欧试剂有限公司
氢氧化钠	NaOH	A. R	国药集团试剂有限公司
硫酸	H_2SO_4	A. R	国药集团试剂有限公司
硫酸亚铁铵	$(NH_4)Fe(SO_4)_2 \cdot 6H_2O$	A. R	国药集团试剂有限公司
盐酸羟胺	$HONH_3Cl$	A. R	国药集团试剂有限公司
邻菲罗啉	$C_{12}H_8N_2H_2O$	A. R	国药集团试剂有限公司
乙酸铵	CH_3COONH_4	A. R	天津科密欧试剂有限公司
硫酸氧钛	$TiOSO_4 \cdot xH_2SO_4$	A. R	Sigma-Aldrich 公司

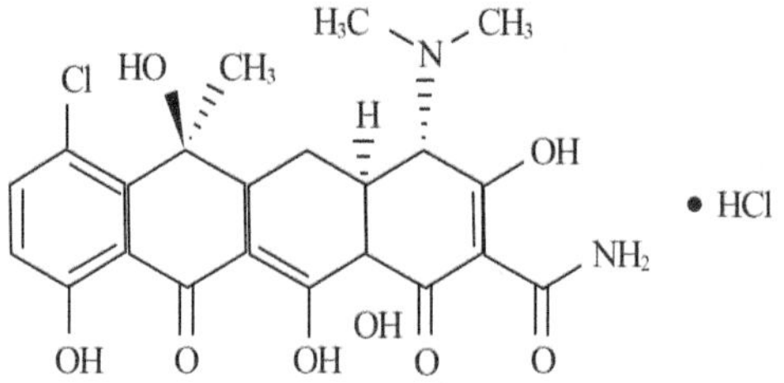

图 6.2 盐酸四环素的化学结构图

6.3.2 实验仪器

本实验所需实验仪器如表 6.2 所示。

表 6.2 实验中所用的仪器

仪器名称	型号	生产商
超声清洗器	KQ3200E	昆山市超声仪器有限公司PH
电化学工作站	CHI760D	上海辰华仪器有限公司
真空泵	MZ2C	德国制造
真空干燥箱	DZF-6050	上海捷呈
鼓风干燥箱	DHG-9040A	上海力辰科技
紫外分光光度计	UV759	上海分析仪器有限公司
酸度计	PB-10	Sartorius Group
分析天平	梅特勒 AL204	上海速展计量仪器有限公司

6.4 预实验设计

为了确定 Fenton 实验、电 Fenton 实验、非均相类电 Fenton 实验的可行性,并确定不同实验中四环素浓度、药品投加量、反应条件设定的选择范围,本实验设置了预实验步骤,包括三步。

6.4.1 Fenton 实验降解四环素的初始浓度选择

配制 50 mg/L,200 mg/L,500 mg/L 四环素溶液各 100 mL(Na_2SO_4,0.01 mol/L;$FeSO_4$,2 mmol/L;pH=3.0;过氧化氢,0.001~0.1 mol/L),作出不同浓度四环素溶液在不同过氧化氢加入量的条件下的时间—降解曲线,从而选择 Fenton 实验的四环素浓度范围和过氧化氢加入量。

6.4.2 电 Fenton 实验降解四环素的初始浓度选择

以碳毡电极(1 cm×2 cm)、不锈钢电极(1 cm×2 cm)、饱和甘汞电极分别为工作电极、对电极、参比电极,构建三电极电 Fenton 反应体系。工作电极电压范围为−0.2~−1.0 V。配制 50 mg/L、200 mg/L、500 mg/L 四环素溶液各 100 mL(Na_2SO_4,0.01 mol/L;$FeSO_4$,2 mmol/L;pH=3.0),作出不同浓度四环素溶液在不同电压条件下的时间—降解曲线,从而选择电 Fenton 实验的四环素浓度范围和阴极电压范围。

6.4.3 非均相类电 Fenton 实验降解四环素的初始浓度选择

以 Fe_3O_4(1 cm×2 cm)、不锈钢电极(1 cm×2 cm)、饱和甘汞电极分别为工作电极构建三电极电 Fenton 反应体系。工作电极电压范围为−0.2~−1.0 V。配制 50 mg/L、200 mg/L、500 mg/L 四环素溶液各 100mL(Na_2SO_4,0.01 mol/L;Fe_3O_4,0.1 g/L;pH=3.0),作出不同浓度四环素溶液在不同电压条件下的时间—降解曲线,从而选择非均相类电 Fenton 实验的四环素浓度范围和阴极电压范围。

6.5 实验方案设计

在预实验取得的实验结果基础上,进一步进行实验方案的设计。实验分为 Fenton 实验、电 Fenton 实验、非均相类电 Fenton 实验三个部分，分别开展。

6.5.1 Fenton 实验

6.5.1.1 目标物浓度与降解速度之间的关系

根据预实验结果，选择四环素的 4～6 个浓度梯度，在相同的药品投加条件下(Na_2SO_4，0.01 mol/L；$FeSO_4$，2 mmol/L；pH＝3.0；过氧化氢，根据预实验确定)，测试四环素的降解速率，比较不同初始四环素浓度条件下四环素的降解速率。

6.5.1.2 药品投加量对四环素降解速度的影响

在某一选定的四环素浓度条件下，分别改变铁离子种类(硫酸铁或硫酸亚铁)的投加量和过氧化氢的投加量，分析药品的投加量对四环素浓度的影响。

6.5.1.3 pH 对四环素降解速度的影响

在某一选定的四环素浓度条件下，铁离子和过氧化氢的投加量不变，改变 pH，分析 pH 改变对四环素降解速度的影响。

6.5.2 电 Fenton 实验

6.5.2.1 目标物浓度与降解速度之间的关系

在以碳毡电极(1 cm×2 cm)、不锈钢电极(1 cm×2 cm)、饱和甘汞电极分别为工作电极、对电极、参比电极构建的三电极电 Fenton 反应体系中，根据预实验，选择四环素的 4～6 个浓度梯度。电解质溶液组成为 Na_2SO_4，0.01 mol/L；$FeSO_4$，2 mmol/L；pH＝3.0。根据预实验选择工作电极电压，在同一电压条件下测试四环素的降解速率，比较不同初始四环素浓度条件下四环素的降解速率。

6.5.2.2 铁离子种类和投加量对四环素降解速度的影响

在某一选定的四环素浓度条件下，分别改变铁离子种类(硫酸铁或硫酸亚铁)及投加量，分析铁离子种类及投加量对电 Fenton 技术降解四环素过程的影响。

6.5.2.3 pH 对四环素降解速度的影响

四环素浓度、铁离子种类及投加量不变，改变 pH，分析 pH 改变对电

Fenton 技术四环素性能的影响。

6.5.3 非均相类电 Fenton 实验

6.5.3.1 目标物浓度与降解速度之间的关系

以碳毡电极(1 cm×2 cm)、不锈钢电极(1 cm×2 cm)、饱和甘汞电极分别为工作电极构建三电极电 Fenton 反应体系。根据预实验，选择四环素的 4～6 个浓度梯度及阴极电压值。其他药品投加量为 Na_2SO_4，0.01 mol/L；Fe_3O_4，0.1 g/L；pH＝3.0。比较不同初始四环素浓度条件下，非均相类电 Fenton 实验的四环素浓度范围和阴极电压范围。

6.5.3.2 Fe_3O_4投加量对四环素降解速度的影响

工作电极电压范围为－0.2～－1.0 V。在某一选定的四环素浓度条件下(0.01 mol/L Na_2SO_4，pH＝3.0)，改变 Fe_3O_4投加量，分析 Fe_3O_4的投加对四环素浓度的影响。

6.5.3.3 pH 对四环素降解速度的影响

四环素浓度、Fe_3O_4投加量不变，经改变 pH，分析 pH 的范围及 pH 改变对四环素降解速度的影响。

6.6 实验结果分析与讨论

实验结果与分析是实验内容的主体部分，通过对实验数据的分析与讨论，能够揭示实验过程中得到的启示和结论，从而实现设定的实验目的。

6.6.1 Fenton 过程的影响因素分析

6.6.1.1 目标物浓度与降解速度之间的关系

反应条件：Na_2SO_4，0.01 mol/L；$FeSO_4$，2 mmol/L；pH＝3.0；过氧化氢，根据预实验确定。

取样时间：0 min；20 min；40 min；60 min；80 min；100 min；120 min。

盐酸四环素的浓度测定采用紫外分光光度法在 355 nm 处测定其吸光度。四环素的降解效率为：

$$\eta = \frac{A_0 - A_t}{A_0} \times 100\% \tag{6.6}$$

根据表6.3中获得的数据，采用数据分析软件，计算并作图。作出不同四环素初始浓度条件下，四环素的降解效率随时间的变化曲线图。

表6.3　不同四环素浓度的降解过程记录表

初始四环素浓度(mg/L)	t_0时间吸光度	t_1时间吸光度	t_2时间吸光度	t_3时间吸光度	t_4时间吸光度	t_5时间吸光度	t_6时间吸光度

动力学过程分析，若污染物初始浓度对污染物去除效率的影响符合一级反应动力学，其方程为：

$$\ln\left(\frac{C_t}{C_0}\right)=\ln(1-\eta)=-KT \tag{6.7}$$

其中：C_t为四环素在t时刻的浓度；C_0为四环素的初始浓度；η为t时刻的降解效率；K为一级动力学参数；T为反应时间。通过拟合计算得到K值，作如图6.3所示的动力学分析图，分析四环素初始浓度对降解速率的影响，并分析原因。

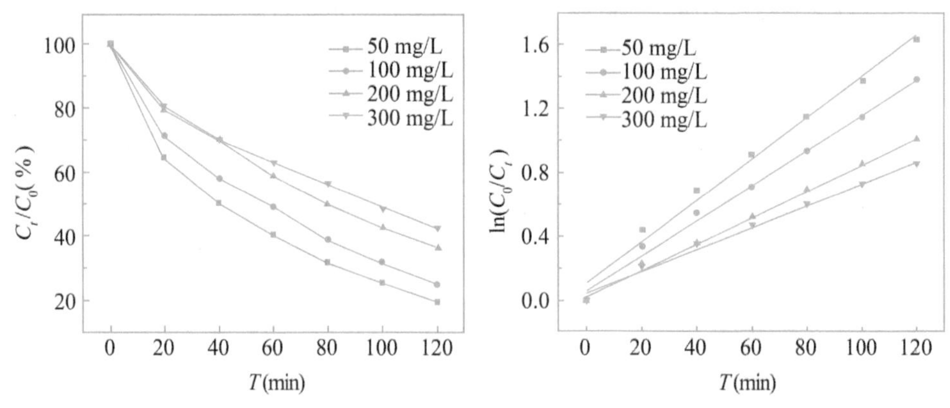

(a)四环素的降解效率随时间的变化曲线图　　(b)四环素的降解动力学过程拟合

图6.3　动力学分析图

6.6.1.2　药品投加量对四环素降解速度的影响

分别改变铁离子种类(硫酸铁或硫酸亚铁)、投加量和过氧化氢的投加量，得到不同药品投加条件下的四环素降解实验，所得数据记入表 6.4 和表 6.5 中，并采用类似的方法得到不同条件下的降解速率常数。

表 6.4　不同硫酸铁/硫酸亚铁投加量条件下四环素降解过程记录表
(pH=3.0，H_2O_2 浓度根据预实验确定)

铁离子种类及浓度	t_0时间吸光度	t_1时间吸光度	t_2时间吸光度	t_3时间吸光度	t_4时间吸光度	t_5时间吸光度	t_6时间吸光度
Fe^{2+}(2 mmol/L)							
Fe^{2+}(10 mmol/L)							
Fe^{2+}(20 mmol/L)							
Fe^{3+}(2 mmol/L)							
Fe^{3+}(10 mmol/L)							
Fe^{3+}(20 mmol/L)							

表 6.5　不同硫酸铁/硫酸亚铁投加量条件下四环素降解过程记录表
(pH=3.0，铁离子浓度与种类根据表 1～3 选取最佳值)

H_2O_2浓度(mg/L)	t_0时间吸光度	t_1时间吸光度	t_2时间吸光度	t_3时间吸光度	t_4时间吸光度	t_5时间吸光度	t_6时间吸光度

6.6.1.3　pH 对四环素降解速度的影响

根据表 6.4 至表 6.6 中获得的数据，采用数据分析软件，计算并作图。作出不同四环素初始浓度条件下，四环素的降解效率随时间的变化曲线图及降解动力学拟合图。

表 6.6 不同 pH 条件下四环素降解过程记录表

(铁离子浓度与种类不变)

pH	t_0时间吸光度	t_1时间吸光度	t_2时间吸光度	t_3时间吸光度	t_4时间吸光度	t_5时间吸光度	t_6时间吸光度

6.6.2 电 Fenton 过程的影响因素分析

参考 Fenton 过程的影响因素分析,通过改变不同的变量:四环素浓度、铁离子种类及投加量、阴极电位、pH,分别分析不同反应条件下的四环素降解速度及动力学过程。

6.6.3 类电 Fenton 过程的影响因素分析

在类电 Fenton 的研究过程中,采用本课题组预先制备的 C/TiO_2 催化材料制备类电 Fenton 阴极。参考 Fenton 过程的影响因素分析,通过改变不同的变量:四环素浓度、阴极电位、pH,分别分析不同反应条件下的四环素降解速度及动力学过程。

6.6.4 实验结果讨论

(1)分析不同初始浓度的四环素在不同的 Fenton 反应体系中的降解过程,从而比较 Fenton、电 Fenton、类电 Fenton 反应降解四环素的浓度范围和降解特性。

(2) 讨论 Fenton、电 Fenton、类电 Fenton 反应中不同反应条件对体系降解性能的影响,并讨论造成这些现象的原因。

(3) 根据得到的实验结果,比较 Fenton、电 Fenton、类电 Fenton 各自的特点和应用范围。

(4) 结合阅读的相关资料，讨论 Fenton 技术的进一步优化方法和发展方向。

6.7　实验注意事项及说明

由于高级氧化技术的低选择性，因此在选择降解目标物时，可以根据研究热点和不同的研究目的，改变降解目标物。

当多个小组进行平行实验时，建议各组统一分配，例如在表 6.4 中，H_2O_2浓度作为固定值时，每个小组采用不同的 H_2O_2值。通过平行实验，更能全面地反映 Fenton 反应中不同参数对污染物降解性能的影响。

第7章　生物气溶胶创新实验举例

7.1　实验选题

生物气溶胶是指含有生物性粒子的气溶胶，其空气动力学直径在100 μm以内，包括细菌、病毒以及致敏花粉、霉菌孢子、蕨类孢子和寄生虫卵等，除具有一般气溶胶的特性以外，还具有传染性、致敏性等。根据生物成分的种类不同，生物气溶胶可分为细菌气溶胶、病毒气溶胶（如新冠病毒气溶胶）、真菌气溶胶和过敏原气溶胶等。大气中的生物成分主要来源于地球表面，土壤、江、河、湖、海以及各种腐烂物、污染物中均有大量的微生物及其分泌物。土壤不仅是微生物最大的繁殖场所，也是庞大的储存体及发生源。土壤（包括医院尘土）中的微生物可通过风输送到大气中成为生物气溶胶。空气中的一些生物成分来自水环境，包括天然的雨、雪、露，还有人为的洗漱水等。波浪破碎和飞沫形成的海洋气溶胶常常含有生物成分。这些含有生物成分的海洋气溶胶也是一种广义上的生物气溶胶。还有研究指出，当人体被病毒或其他微生物感染时，可通过打喷嚏、呼吸和说话成为新的生物气溶胶排放源。

因此，研究生物气溶胶的生物活性特征，设计有效环保型的灭活控制技术，探讨灭活机理和灭活效果，对人体健康和环境安全等具有重要意义。

7.2　设计思路与实验目的

设计新型灭活技术，通过实验研究对比灭活前后细菌、真菌和病毒气溶胶的活性、可培养性、浓度等信息。由于不同生物的细胞组成、细胞结构、生长特点和生化特性均不相同，因此，实验选取几种常见的、有代表性的生物作为研究对象，如革兰氏阴性菌——荧光假单胞菌、革兰氏阳性菌——枯草芽孢杆菌、真菌——杂色曲霉菌、内毒素和真菌过敏原等。其中，枯草芽孢杆菌常作为评价生物气溶胶灭活技术效果的指示性微生物，荧光假单胞菌常作为敏感微生物的指示性代表。

因此，本实验结合生物化学、物理分析和统计方法，研究细菌、真菌和过敏原的活性、灭活效果以及其他生物学特征。

7.3 实验试剂与仪器

7.3.1 实验试剂

本实验所需试剂如下：微生物，如革兰氏阳性菌——枯草芽孢杆菌(ATCC9372)、革兰氏阴性菌——荧光假单胞菌(ATCC13525)、真菌——杂色曲霉菌(ATCC26644)；其他试剂，如 BacLight 细菌活性检测试剂盒、胰蛋白胨大豆琼脂培养基、琼脂培养基、沙氏葡萄糖培养基、灭菌水、大肠杆菌培养基(胰蛋白胨，10.0 g/L；酵母提取物，1.0 g/L；氯化钠，8.0 g/L；琼脂粉，15.0 g/L)等。

7.3.2 实验仪器

本实验所需仪器如下：生物安全柜；离心机；荧光显微镜；扫描电子显微镜(ESEM)；透射电子显微镜(SEM)；干燥箱；接种环；雾化瓶(Collison nebulizer, BGI Inc., Waltham, MA, USA)；净化设备，如微波辐射装置、等离子体管等；气溶胶采集装置；电泳仪；采样器，如六级 Andersen 生物采样器等。

7.4 预实验设计

7.4.1 实验台准备

大部分实验需要使用生物安全柜。需先将生物安全柜内的多余物品清理出来，关上玻璃门，开紫外灯杀菌 30 min 左右。杀菌后，关闭紫外灯，打开白灯，将抽风开启，打开玻璃门并且用镊子夹取酒精棉擦拭实验台的台面和内壁。

7.4.2 实验前灭菌准备

物品要看用途,装培养基的三角瓶要先洗干净后再配置培养基。培养基的体积一般不超过三角瓶最大容积的 1/3,瓶口用硅胶塞子塞住,没有合适的塞子一般用棉花塞。为了防止冷凝水打湿里面的物品,经常会在最上面的一个筐上盖张报纸。将液体和废弃物放在靠下的筐里,将灭菌的固体物品比如枪头放在靠上的筐里,以免液体弄脏固体。将需要灭菌的仪器洗干净。检查高压锅内底部的水面,可从小圆孔中查看,保证其浸没金属条但不能漫上锅底。检查锅外侧右下部的水箱,保证其中的水量在最高和最低之间。将需要灭菌的东西放入灭菌筐,把筐放入锅中,打开电源,盖上锅盖,把锅正面的开关向右扳到底。确认锁好后,按下"Start"键。高压锅自动升温至 121 ℃,并在此温度下运行 20 min,然后降温到50 ℃,这个过程大概需要90 min。取出时,先按下"Stop"键,扳动锁的开关,打开锅盖,取出即可。

7.4.3 细菌培养基准备

用料为:灭菌水;NaCl,5 g/L;蛋白胨,10 g/L;酵母抽提物,5 g/L。前三项为液体培养基所用。如果想配固体培养基,再加上琼脂(15 g/L)。这里需要说明的是,上面材料的单位是最后所配溶液的浓度。

按照需要使用的培养基的体积估算灭菌水和各材料用量。以 400 mL 固体培养液为例:

(1)取一个干净的烧杯,加 300 mL 的超纯水。

(2)向烧杯中放入磁子,打开电磁,并将烧杯放在搅拌器上。搅拌器的温度可以设置在 200 ℃左右,速度先设置在 2 或 3 上。

(3)按照以上比例称量:NaCl 2 g,蛋白胨 4 g,酵母抽提物 4g。将这三种物质加到烧杯里,此时要加大搅拌器的速度。

(4)最后称量琼脂 6 g,加到烧杯中,因为琼脂难溶,此时应升高温度。一段时间后,趁热将溶液倒入锥形瓶中,用超纯水冲洗烧杯,并将冲洗水也转入锥形瓶。

(5)将锥形瓶封口,放入高压锅灭菌,步骤参照灭菌。

(6)待灭菌结束后,在准备好的安全柜内摆好足够的培养皿。迅速将锥形瓶拿出，在安全柜内打开封口，趁培养基还热时（一般的标准是手背感觉培养基很热但不烫的样子）倒入培养皿中。每个培养皿中倒15～20 mL。倾倒时应当注意不要使液体中有气泡，倒在培养皿的一边，使其自然流动，覆盖培养皿底部。这里需注意的是，培养皿的盖子是半开的。

(7)倒完后，放置在实验台上待其冷却凝固。

(8)培养基凝固后，盖上盖子。翻转，盖子在下，用塑料袋装好，在袋上写上制作日期、培养基类型、制作者姓名，保存于冰箱中。

7.4.4 真菌培养基制作

本实验所用的真菌培养基是已经将各种营养物质配好的萨市培养基，所以不必各个称量。这里的比例是65 g/L。也就是说，要配置1000 mL的培养液，需用65 g的物质，而且此时配的是固体培养基。其他过程与上述细菌培养基制作过程一致，请参考上面的步骤。

本实验采用的细菌有两种——枯草芽孢杆菌和荧光假单胞菌。枯草芽孢杆菌是芽孢杆菌属的一种，CAS号为68038-70-0，单个细胞(0.7～0.8)×(2～3)μm，着色均匀，无荚膜，周生鞭毛，能运动。革兰氏阳性菌可形成内生抗逆芽孢，芽孢(0.6～0.9)×(1.0～1.5)μm，椭圆至柱状，位于菌体中央或稍偏，芽孢形成后菌体不膨大，生长、繁殖速度较快，菌落表面粗糙不透明，污白色或微黄色，在液体培养基中生长时，常形成皱醭，是一种需氧菌。荧光假单胞菌是一种环境污染菌，对于人类是一种罕见的机会致病菌。荧光假单胞菌属于假单胞菌属，大小一般为(0.7～0.8)×(2.3～2.8)μm，是化能异养型的革兰氏阴性菌，呈杆状，有鞭毛，能分泌黄绿色荧光色素发出荧光，能产生抗生素、水解酶等代谢产物，在4 ℃～37 ℃范围内的中性环境中生长，生理生化特性显著，是一种嗜冷菌，是牛奶中危害最大的微生物，经常被用作敏感微生物的代表。

本实验采用的真菌是杂色曲霉菌，是一种在自然界中很常见的真菌，广泛分布于空气、土壤、腐败的植物体、储藏的粮食和多种工农业产品上。菌落生长局限，培养14天后直径仅为2～3 cm；绒状、絮状或两者兼有；颜色变化范围相当广泛，在不同菌株的菌落上，有时局部会出现淡绿、灰绿、浅黄或粉红等颜色，而菌落反面则近乎无色、黄橙色或玫瑰色，有的菌落上会形成无色至紫红色的液滴。分生孢子头呈疏松的放射状，无色或者略黄。本菌不仅是粮食储藏期间的主要霉变菌,也是引起各种工业器材霉腐的常见菌类。此外,还会产生能致动物肝害和癌变的真菌毒素——杂色曲霉素。

细菌、真菌的生活需要一定的条件,如水分、适宜的温度以及有机物,因此,首先要配制含有营养物质的培养基。通常的操作方法是用牛肉汁加琼脂熬制,然后将培养基和所有用具进行高温灭菌,以防杂菌对实验的干扰。为防止高温杀死细菌、真菌,要等冷却后再进行接种,接种后放在温暖的地方进行恒温培养。

本实验将采用的具体培养步骤如下:

(1)细菌培养基选用的是胰蛋白胨大豆琼脂培养基(Becton, Dickson and Company, Sparks, MD),培养时间为 18 小时,枯草芽孢杆菌的培养温度是 37 ℃,荧光假单胞菌的培养温度是 26 ℃。真菌培养基选用的是沙氏葡萄糖培养基,培养时间是 3～5 天,培养温度是室温。

(2)根据上一步骤,当培养基中出现很多菌落时,在培养基中倒入灭菌水(Milli-Q, Millipore, Billerica, MA),接着用灭菌的接种环刮下菌落。

(3)将第二步骤中获取的菌液倒入 50 mL 的离心管,然后在离心机中以 7000 r/min 的转速离心 7 min。

(4)离心完成后,取出离心管,去掉上清液。

(5)离心管中的菌体再次加入新的灭菌水,依照上述离心速度重悬后再离心。

(6)将二次离心后的上清液倒掉,获得菌体,然后用灭菌水配成菌液,为后续实验做准备。在最后的菌液中,细菌的浓度大致为 106 CFU/mL,真菌的浓度为 104 CFU/mL。

7.4.5 纯种菌选择培养

事先准备好灭过菌的枪头,用枪头从菌种挑出一点,在空白的培养基上画线。画线方式如图 7.1 所示,从红、橙、绿到蓝。保证在画线时枪头不能画破培养基表面,并且始终是枪头的同一点与培养基表面接触。画好线后,盖上盖子,盖子在下,在培养皿上写上时间、制作者名字、菌种,放到恒温培养箱培养,在合适的温度下,培养 18～24 h。

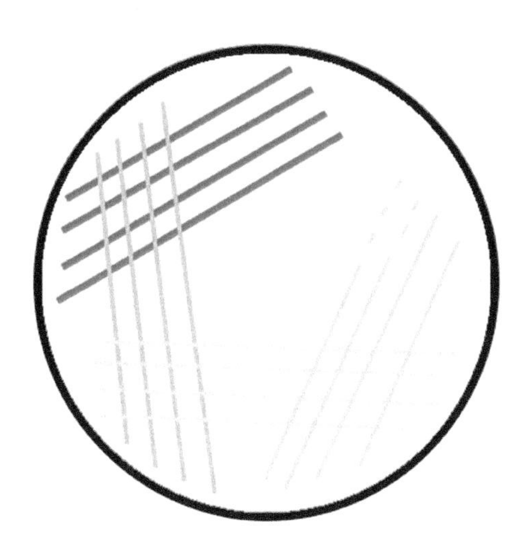

图 7.1　纯菌培养方法

7.4.6　大量菌培养方法

同样用灭过菌的枪头挑取已纯种培养后较好的菌落，在新培养基上画线。画线方法如图 7.2 所示。尽可能使得线布满培养基表面，一个方向的平行线画完再画另一个，不要太靠近培养皿边缘，对枪头的使用要求同纯种培养。画好线后盖好，写上信息后放到培养箱培养。培养时间根据需要的菌种调整。

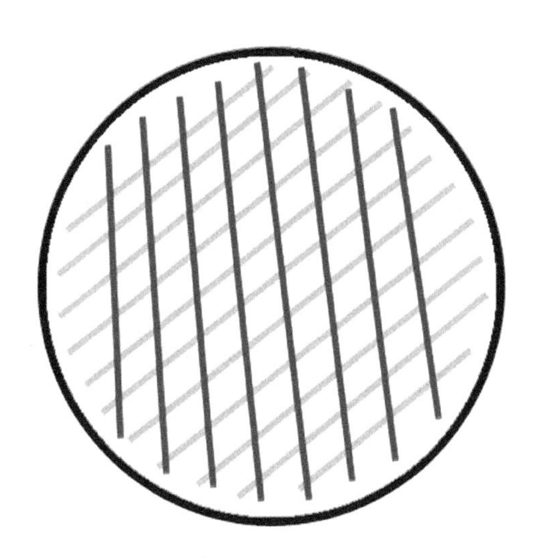

图 7.2　大量菌的培养方法

7.4.7 菌液配置

要配置菌液必须前一天准备至少三个新鲜的、涂满菌的培养基，进行培养 18～24 h后，才可以配置菌液。将这几个培养基放在安全柜里(使用前的灭菌操作如前)。在培养基上，倒入灭菌水，用枪头轻轻地刮下菌体，然后把它们转入 50 mL 的无菌离心管里(7000 r/min，每次7 min，重复 2 次)。离心后，将上清液倒掉(不是随意倒，而是在安全柜里，倒到一个专门用来收集废弃的烧杯里，实验结束后，均要灭菌)。最后，在离心管中加适量的灭菌水，用漩涡仪打匀后即配好菌液。

7.5 实验方案设计

7.5.1 生物气溶胶灭活实验设计

环境空气中除了生物成分，如细菌、真菌、病毒和过敏原等，还有非生物性成分。因此，为了研究对生物成分的影响，避免非生物性成分的干扰，需要在实验室模拟生物成分生成气溶胶。实验流程示意图如图 7.3 所示。实验装置由三部分组成：雾化瓶、净化设备(如微波装置、等离子体管或者紫外灯等)、气溶胶采集装置，并设立对照组和实验组两组。

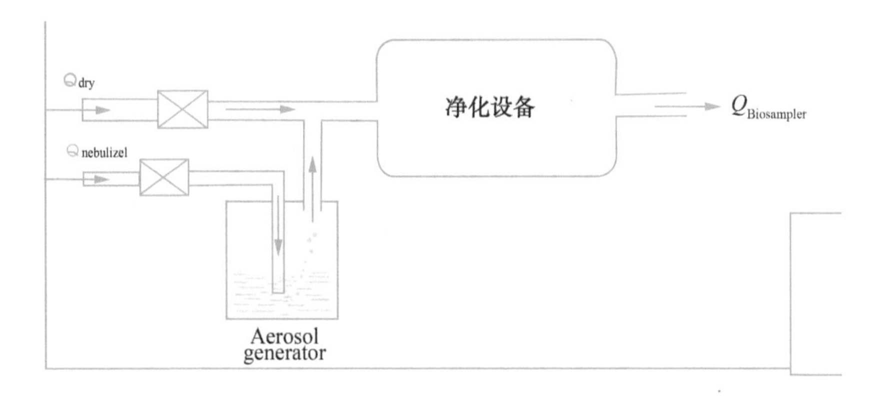

图 7.3 空气化暴露实验流程图

实验过程与条件：首先用雾化瓶空气化含有生物成分的溶液，此时的操作条件为空气化气流流速 2.5 L/min、压强344750 Pa，对照组和处理组中的雾化瓶的生物溶液采用相同的生物成分的浓度。被氮气干燥和稀释后的气溶胶以 13 L/min 的流速进入净化设备，并在不同的输出能量下暴露一定的时间。对照组和处理组采用相同的采样时间，且均小于 30 min，目的是为了采到足够的生物气溶胶，避免生物成分二次气溶胶化以及系统不稳定性等问题。每一种空气化的生物成分在每种实验条件下均重复三次，即共有九个平行样。将采集到的空气样品装入 50 mL 的离心管中。上述步骤均在生物安全柜中操作，且需要保证操作过程中生成的气溶胶的相对湿度一直保持在 35%左右。

7.5.2 室外环境的生物气溶胶暴露实验

在室外环境的总生物气溶胶的检测实验中设置对照组和实验组，通过真空泵的作用使环境空气进入微波辐射装置(等离子体管)，通过采样器采集环境空气。实验需要在每个条件下各采集 3 天，共 9 个样品。

7.5.3 环境空气分粒径段的微生物净化实验

由于粒径大小不同的气溶胶在人体呼吸系统中的沉积位置不同，所以对人体产生的健康影响也不尽相同。因此，还需要利用净化设备进行分粒径段的细菌和真菌气溶胶的实验。建议实验选取室内环境和室外环境。室内环境可以选取办公楼、教室、宿舍、宾馆等；室外环境可以选取办公楼外的空旷地带。实验采样需要连续进行三天并重复三次，共产生九个平行样。采样时需要通过真空泵的作用，将空气进入净化设备暴露一定时间，由六级 Andersen 生物采样器采集，后续对样品进行实验分析。图 7.4 是实验流程示意图。

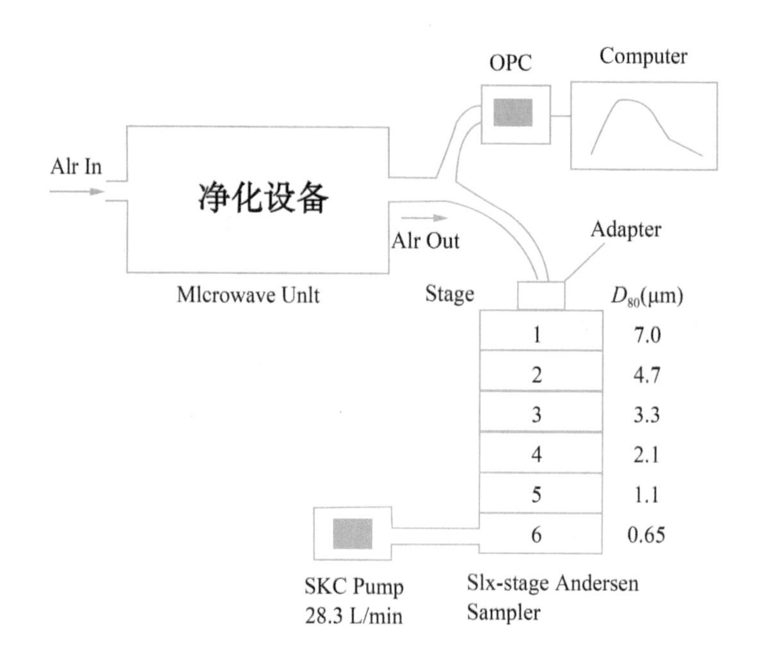

图7.4 净化设备对不同分粒径段的生物气溶胶暴露实验流程图

7.5.4 液体中的生物成分灭活实验(辅助性实验)

为了研究气溶胶的灭活机理,也需要开展净化设备(如微波辐射和低温等离子体等)对液体中的生物成分的研究。具体实验方案为将含有生物成分的液体通过灭菌水稀释为三种浓度(原浓度的 0.1 倍、0.001 倍和 0.00001 倍),将稀释后的溶液加入 96 孔板中,并用封口膜密封好,以减少液体的挥发。稀释后的液体中的生物成分在不同能量的净化设备中暴露不同的时间后,再运用生物化学方法进行分析。三种不同浓度样品的实验设计三个平行样,并重复采样三次。

7.6 实验结果分析与讨论

本实验采用以下方法来评估灭活净化设备的效果:通过培养计算微生物的存活率(或去除效率)、通过染色和荧光显微镜观察微生物的活性变化、通过 SEM 观察微生物或者其他生物组分的形貌变化、通过 TEM 观察生物组分的内部变化、通过 ELISA 分析过敏原的浓度变化等。

微生物的存活率计算：以细菌和真菌为例，将实验样品中的细菌和真菌取 100 μL 进行液体涂板培养。对于采集到膜上的生物气溶胶空气样品，直接置于培养基中培养。培养结束后人工计算菌落数（CFUs）。生物气溶胶的微生物浓度单位为 CFU/m^3，液体的微生物浓度单位是 CFU/L。这种分析方法研究的是细菌和真菌的可培养性，是对微生物活性的一种表征。

存活率具体计算公式为：

$$S = \frac{CFU_{exposed}}{CFU_{control}} \times 100\% \tag{7.1}$$

其中：S 为存活率（%）；$CFU_{exposed}$ 是暴露后生物气溶胶的菌落数或液体中微生物的菌落数；$CFU_{control}$ 是没有经过暴露的生物气溶胶的菌落数或液体中微生物的菌落数。

数据分析：通过 paired t-test （SigmaPlot 14.0）和单向方差分析对实验数据进行分析。所有样品至少分析三次，并采用 p 值＜0.05 表示在 95%的置信区间内不同条件下的反应变量值存在显著的差异。

第8章　实验的意见与反馈

近几年,我国许多高校的环境科学与工程专业都开展了综合创新实验课程,但实验开展的方法、教学模式有待进行深入讨论。综合创新实验作为本科实验的一门综合训练实验,对学生综合能力、科研水平的培养起着重要的提高与促进作用,但本实验是新设立的实验科目,其学习内容和教学形式与以往的验证实验有明显的区别。如何完善本实验的教学方法,除了教师的探索与努力,学生的反馈意见尤其重要。因此,希望同学们在进行创新实验的过程中,能积极参与创新实验的教学改革过程,记录自己关于参加综合训练实验的感受、意见和建议反馈;希望老师们在进行教学实验过程中,也能及时将意见反馈,共同推动综合创新实验的优化与改革。

逐步完善的综合训练实验,既能系统综合地训练学生们的实验能力,为学生们实验能力的提升和发展打下坚实的基础,又能跨出传统验证性实验的范畴,培养学生们进行探索性实验的能力,同时配合新工科建设、培养创新型人才的高校教育改革。

附录 1　常用缓冲溶液及 pH 使用范围

缓冲液名称及常用浓度	配制 pH 范围	主要物质分子量 M_r
甘氨酸—盐酸缓冲液 (0.05 mol/L)	2.2～5.0	甘氨酸，M_r＝75.07
邻苯二甲酸—盐酸缓冲液 (0.05 mol/L)	2.2～3.8	邻苯二甲酸氢钾，M_r＝204.23
磷酸氢二钠—柠檬酸缓冲液	2.2～8.0	磷酸氢二钠，M_r＝141.98
柠檬酸—氢氧化钠—盐酸缓冲液	2.2～6.5	柠檬酸，M_r＝192.06
柠檬酸—柠檬酸钠缓冲液 (0.1 mol/L)	3.0～6.6	柠檬酸，M_r＝192.06 柠檬酸钠，M_r＝257.96
乙酸—乙酸钠缓冲液 (0.2 mol/L)	3.6～5.8	乙酸钠，M_r＝81.76 乙酸，M_r＝60.05
邻苯二甲酸氢钾—氢氧化钠缓冲液	4.1～5.9	邻苯二甲酸氢钾，M_r＝204.23
磷酸氢二钠—磷酸二氢钠缓冲液 (0.2 mol/L)	5.8～8.0	$Na_2HPO_4 \cdot 2H_2O$，M_r＝178.05 $Na_2HPO_4 \cdot 12H_2O$，M_r＝358.22 $NaH_2PO_4 \cdot H_2O$，M_r＝138.01 $NaH_2PO_4 \cdot 2H_2O$，M_r＝156.03
磷酸氢二钠—磷酸二氢钾缓冲液 (1/15 molL)	4.92～8.18	$Na_2HPO_4 \cdot 2H_2O$，M_r＝178.05 KH_2PO_4，M_r＝136.09
磷酸二氢钾—氢氧化钠缓冲液 (0.05 mo/L)	5.8～8.0	KH_2PO_4，M_r＝136.09
巴比妥钠—盐酸缓冲液 (18 ℃)	6.8～9.6	巴比妥钠，M_r＝206.18
Tris 盐酸缓冲液 (0.05 mol/L，25 ℃)	7.10～9.00	三羟甲基氨基甲烷(Tris)， M_r＝121.14

续表

缓冲液名称及常用浓度	配制 pH 范围	主要物质分子量 M_r
硼砂—盐酸缓冲液 (0.05 mol/L)	8.0～9.1	$Na_2B_4O_7 \cdot 10H_2O$, M_r=381.43
硼酸—硼砂缓冲液 (0.2 mol/L)	7.4～8.0	$Na_2B_4O_7 \cdot 10H_2O$, M_r=381.43 H_3BO_3, M_r=61.84
甘氨酸氢氧化钠缓冲液 (0.05 mol/L)	8.6～10.6	甘氨酸，M_r=75.07
硼砂—氢氧化钠缓冲液 (0.05 mol/L)	9.3～10.1	$Na_2B_4O_7 \cdot 10H_2O$, M_r=381.43
碳酸钠—碳酸氢钠缓冲液 (0.1 mol/L)	9.16～10.83	碳酸钠，M_r=286.2 碳酸氢钠，M_r=84.0
碳酸钠—氢氧化钠缓冲液 (0.025 mol/L)	9.6～11.0	碳酸钠，M_r=286.2
磷酸氢二钠—氢氧化钠缓冲液	10.91～2.0	$Na_2HPO_4 \cdot 2H_2O$, M_r=178.05 $Na_2HPO_4 \cdot 12H_2O$, M_r=358.22
氯化钾—盐酸缓冲液 (0.2 mol/L)	1.0～2.2	氯化钾，M_r=74.55
氯化钾—氢氧化钠缓冲液 (0.2 mol/L)	12.0～13.0	氯化钾，M_r=74.55

附录2　COD的测定方法

（1）重铬酸盐回流法：在硫酸酸性介质中，以重铬酸钾为氧化剂、硫酸银为催化剂、硫酸汞为氯离子的掩蔽剂，消解反应液硫酸酸度为9 mol/L，加热使消解反应液沸腾，(148±2) ℃的沸点温度为消解温度。以水冷却回流加热反应2 h，消解液自然冷却后，以试亚铁灵为指示剂，以硫酸亚铁铵溶液滴定剩余的重铬酸钾标准，根据硫酸亚铁铵溶液的消耗量计算水样的COD值。

（2）高锰酸钾法：优点是实验过程中产生的污染比国标法小，但缺点是实验中需要回滴过量草酸钠，耗时长，并且酸性高锰酸钾法的氧化性较低，氧化不彻底，所以测得的高锰酸盐指数比重铬酸盐指数低，通常与国标法测定结果相差3～8倍。因此，COD_{Cr}主要针对还原性污染物相对含量较高的废水，而COD_{Mn}主要针对污染物相对含量较低的河流水和地表水。水样加入硫酸呈酸性后，加入一定量的高锰酸钾溶液，并在沸水浴中加热反应30 min。剩余的高锰酸钾加入过量草酸钠溶液还原，再用高锰酸钾溶液回滴过量的草酸钠，通过计算求出高锰酸盐指数。

此外，还有分光光度法、快速消解法、快速消解分光光度法。这几种方法不常用，了解即可。

附录3　BOD的测定方法

BOD，即生化需氧量，是指在常规条件下微生物分解存在于水中的某些可氧化物质（主要是有机物质）所进行的生物化学过程中消耗溶解氧的量。目前，国际上通用的测定方法是在(20±1)℃的条件下测定5天的生化需氧量，即BOD_5。先测定水的初始溶解氧，水样中溶解氧与氯化锰和氢氧化钠反应，生成高价锰棕色沉淀。加酸溶解后，在碘离子存在下即释出与溶解氧含量相当的游离碘，然后用硫代硫酸钠标准溶液滴定游离碘，换算溶解氧含量，将装水的瓶子密封保存5天，再测剩余的溶解氧，根据这5天前后的溶解氧差值计算出BOD_5。

此外，还有微生物电极法、活性污泥曝气降解法、测压法、检压库仑法、紫外(UV)曝气法等快速测定方法。

附录 4　反应标准平衡常数

在一定温度下，可逆反应达到平衡时，产物浓度计量系数次方的乘积与反应物浓度计量系数次方的乘积之比为平衡常数。若在上面的平衡常数表达式中，各物质均以各自的标准态为参考态，则所得的平衡常数为标准平衡常数。其原因是平衡常数 K_c、K_p、K_x都称为“实验平衡常数”。使用时有两方面的困难：一是 K_c的单位是$(\mathrm{mol/L})^{\Delta n}$，取决于 Δn，K_p的单位为 $\mathrm{Pa}^{\Delta n}$，只有当 $\Delta n=0$ 时，K_c、K_p的量纲才为 1，使用时容易出现混乱。二是当涉及固、液、气三态的反应时，平衡常数难以表示。于是，人们提出了标准平衡常数。

附录 5　安全案例

(1)南京某大学楼顶起火事故(2019 年 2 月 27 日)

2019 年 2 月 27 日 00∶40，江苏南京某大学实验室深夜失火，实验室内外层墙壁均被熏黑，1∶30 明火才被扑灭，没有人员伤亡。起因是通风柜内着火，产生了有毒有害气体。有毒有害气体报警器监测到有毒气体后自动开启通风系统，火灾通过外延通风管道引燃五楼楼顶的风机及杂物。

(2)北京某大学爆炸事故(2018 年 12 月 26 日)

在使用搅拌机对镁粉和磷酸搅拌、反应过程中，料斗内产生的氢气被搅拌机转轴处金属摩擦、碰撞产生的火花点燃爆炸，继而引发镁粉粉尘云爆炸，爆炸引起周边镁粉和其他可燃物燃烧，造成两名博士、一名硕士研究生死亡。

(3)南京某大学爆炸事故(2016 年 9 月 21 日)

2016 年 9 月 21 日 10∶30 左右，某大学实验室三名研究生(一名研二、两名研一)进行氧化石墨烯的实验(三人都未穿实验服，并未带护目镜)。研二学生进行实验教学示范。过程为在一个敞口大锥形瓶中放入了 750 mL 的浓硫酸，并与石墨烯混合，接下来放入了一勺高锰酸钾(未称量)。在放入之前研二学生还告诫其他人，放入可能有爆炸危险，但不幸的是，话音刚落，爆炸就发生了。事故造成两名正对着实验装置的学生受重伤，一名背对着实验装置的学生受轻伤。

(4)浙江某大学气体泄漏事故(2009 年 7 月 3 日)

事故原因：存在误将本应接入 307 实验室的一氧化碳气体接至通向 211 室输气管的行为。某大学化学系博士研究生袁某发现博士研究生于某昏厥，倒在催化研究所 211 室，后袁某也晕倒，最后于某抢救无效死亡，袁某次日出院。

(5)江苏某大学废弃物仓库火灾事故(2016 年 8 月 31 日)

2016 年 8 月 31 日，江苏某大学化学化工学院实验楼西侧，学生在实验楼做实验。实验结束后，学生将废液等倒入储存废液的仓库后，由化学实验废液引发火灾。现场无人员伤亡，过火面积约为 20 m^2。

附录6　实验报告格式

(1)实验开题格式

环境综合训练开题报告

姓名		学号		专业	
论文题目					
研究进展	描述相关研究的进展情况,介绍研究的重点及研究思路				
研究目的	通过研究进展的分析,确定研究目的,研究目的应明确、清晰,避免研究目标大而笼统				
研究内容	根据研究目的设计研究内容				
主要药品	主要实验药品及主要特性				
仪器	主要仪器及使用方法简述				
主要实验方法	主要的实验方法、分析检测方法及原理				

(2)实验报告格式与阶段性总结报告

环境综合训练(阶段性总结)报告

姓名		学号		专业	
论文题目					
指导教师					
实验内容					
实验原理					
实验数据分析					
实验结果与讨论					
实验结论					
未解决的问题					
备注					

(3)实验结题报告格式

实验题目

作者:　　　指导教师:
(学校、学院、专业、学号)

摘要

概括介绍实验的背景，研究内容、研究方法等，得到的主要研究结果和研究结论

关键词:

关键词1；关键词2；……

Title

Abstrat

The background for the study, the contents and methods, and the results and conclusions.

Keywords:

keyword 1; keyword 2；……

1、绪论:

课题的研究背景与研究目的。

概括说明课题的主要研究内容

2、材料与方法:

2.1 实验仪器

实验的主要仪器、型号及规格、厂家

2.2 实验药剂

实验药剂的纯度及厂家

2.3 实验方法

实验采用的主要分析方法

3、结果与讨论

实验的主要结果及数据分析、讨论

4、结论

实验的主要结论

参考文献

[1] Dauvergne P. Why is the global governance of plastic failing the oceans?[J]. Global Environmental Change, 2018, 51: 22-31.

[2] Ravve A. Principles of Polymer Chemistry[M]. 2000.

[3] 肖鹏伟. TiO2-石墨复合电极类电 Fenton 及阳极氧化降解四环素性能研究[D]. 山东大学, 2018.

(4)评阅格式

环境综合训练结题评价报告

姓名		专业	
论文题目			

总体评分

评审项目	评　审　要　素	评价等级
文献综述	(1)对本领域国内外动态的掌握及其评述 (2)了解研究的目的及意义	10 分
实验内容	(1)实验目的明确 (2)实验设计合理 (2)实验记录完整	20 分
结果讨论	(1)针对实验结果展开讨论 (2)通过讨论得到合理的推测或结论	20 分

续表

结论	(1)对实验结果合理总结 (2)对后期开展的实验有合理的建议	10分
学风和写作	(1)概念清晰、分析严谨 (2)数据表格运用合理、准确 (3)规范的论文格式与文字表达能力	20分
汇报与展示	(1)内容合理,表达准确 (2)回答问题逻辑清晰	20分

结题报告的评价:

由指导教师根据实验过程中的开题报告、实验设计与操作、实验结果讨论、结题报告的规范性、结题汇报的讲述与答辩过程,综合评价学生在环境综合训练实验中的表现,并提出合理的意见及建议

总分	

主要参考文献

1. 李光春. 环境科学专业学生创新实验建设模式探究[J]. 才智,2018(28):186.

2. 尹凯,张颖. 互联网背景下大学生创新能力培育路径探究[J]. 经济研究导刊,2019(35):68～69.

3. 罗小涛. 实施个性化教育培养大学生创新与实践能力[J]. 教书育人(高教论坛),2020(5):20～22.

4. 韩伟亚,张娟. 基于产学研模式的高校人才培养问题研究[J]. 文教资料,2013(30):113～114.

5. 左玉辉. 环境学[M]. 北京:高等教育出版社,2002.

6. 佚名. 常用学术搜索引擎[J]. 中国新生儿科杂志,2016.11(5):394～394.

7. 李瑶. 网络营销常用搜索引擎关键词选择方法[J]. 科学大众(科学教育),2020(2):199.

8. 王艳萍,何倩. 为知笔记在大学生团队协作学习中的应用[J]. 软件导刊·教育技术,2015(9):66～67.

9. 朱方,黄勇. 高校创新性实验教学改革实践与探索[J]. 教育教学论坛,2020(7):124～125.

10. 章敏,董晓强. 科研课题引入土木工程实验教学的探索与实践[J]. 高等建筑教育,2017.26(4):104～107.

11. 黄林玉. 高校化学实验室安全管理体系的构建[J]. 安全与环境工程,2018.25(3):150～154.

12. 孙永军等,本科生创新实验室安全管理对策的研究[J]. 化工管理,2020(4):60～62.

13. 王海文. 本科生创新实践实验室安全管理对策[J]. 实验技术与管

理,2019.36(3):196～198.

14.韩佳彤,张福群.基于LEC法的化工类高校实验室危险源辨识[J].辽宁化工,2019.48(9):914～916,919.

15.赵闫华,郝向英.基于IEET工程认证背景下环境工程专业实验教学改革与创新——以肇庆学院为例[J].教育教学论坛,2020(6):389～390.

16.王笛.高职院校实验仪器设备安全使用与维修保养[J].科技资讯,2019.17(14):253～254.

17.刘会玲,刘树庆.高校实验仪器设备安全使用与维修保养[J].实验室研究与探索,2013.32(6):223～225,234.

18.宫兆合,刘心悦.加强实验室危险源管控减少实验室事故风险[J].科技创新导报,2018.15(13):210～211.

19.王文通,王琪斐.论理工类高校实验室危险源辨识及定性风险评价[J].当代教育理论与实践,2014(6):84～85.

20. Zhou, L. Chemically Modified Graphite Felt as An Efficient Cathode in Electro-Fenton for P-nitrophenol Degradation[J]. Electrochimica Acta, 2014.140:376-383.

21. Chou, W. L. Removal of Color from Real Dyeing Wastewater by Electro-Fenton Technology Using A Three-dimensional Graphite Cathode [J]. Journal of Hazardous Materials, 2008.152(2):601-606.

22. Sheng, Y. Electrogeneration of Hydrogen Peroxide on A Novel Highly Effective Acetylene Black～PTFE Cathode with PTFE Film[J]. Electrochimica Acta, 2011.56(24):8651-8656.

23. Balci, B. Degradation of Atrazine in Aqueous Medium by Electrocatalytically Generated Hydroxyl Radicals. A Kinetic and Mechanistic Study[J]. Water Research, 2009.43(7).

24. Wang, A., J. Ru. Mineralization of An Azo Dye Acid Red 14 by Electro-Fenton's Reagent Using An Activated Carbon Fiber Cathode[J]. Dyes and Pigments, 2005.65(3):227-233.

25. Yu, Q., M. Zhou. Electro-Fenton Method for the Removal of Methyl Red in An Efficient Electrochemical System[J]. Separation and

Purification Technology,2007.57(2):380-387.

26. Edelahi, M. C., N. Oturan. Oxidative Degradation of Herbicide Diuron in Aqueous Medium by Fenton's Reaction Based Advanced Oxidation Processes[J]. Chemical Engineering Journal, 2011. 171(1): 127-135.

27. Oturan, N. Electrocatalytic Destruction of the Antibiotic Tetracycline in Aqueous Medium by Electrochemical Advanced Oxidation Processes: Effect of Electrode Materials [J]. Applied Catalysis B: Environmental,2013.140-141.

28. Miao, F. TiO_2 Electrocatalysis Via Three-electron Oxygen Reduction for Highly Efficient Generation of Hydroxyl Radicals[J]. Electrochem. Commun.,2020.110

29. Miao,F. Degradation of Polyvinyl Chloride Microplastics Via An Electro-Fenton-like System with A TiO_2/Graphite Cathode[J]. Journal of Hazardous Materials,2020:123023.

30. 张勇.大学生科研创新能力培养模式探索[J].文教资料,2020(7):183～185.

31. 仝雅菊.测定水质COD的几种方法探讨[J].当代化工研究,2019(8):43～44.

32. 向文毓.生化需氧量(BOD)测定方法进展[J].山西青年,2018(9):44.